小日常，大精进

[韩]朴尧澈 —— 著
杨秀秀 —— 译

江苏凤凰科学技术出版社 · 南京

江苏省版权著作权合同登记 图字：10-2024-222号

图书在版编目（CIP）数据

小日常，大精进 /（韩）朴尧澈著 ; 杨秀秀译 . 南京 : 江苏凤凰科学技术出版社， 2025. 6. -- ISBN 978-7-5713-5030-7

Ⅰ. B821-49

中国国家版本馆 CIP 数据核字第 2025ZU1582 号

小日常，大精进

著　　者	[韩] 朴尧澈
译　　者	杨秀秀
责任编辑	向晴云
责任设计	蒋佳佳
责任校对	仲　敏
责任监制	方　晨
出版发行	江苏凤凰科学技术出版社
出版社地址	南京市湖南路 1 号 A 楼，邮编：210009
出版社网址	http://www.pspress.cn
印　　刷	天津睿和印艺科技有限公司
开　　本	880 mm × 1 230 mm　1/32
印　　张	5.5
字　　数	106 000
版　　次	2025 年 6 月第 1 版
印　　次	2025 年 6 月第 1 次印刷
标准书号	ISBN 978-7-5713-5030-7
定　　价	38.00 元

图书如有印装质量问题，可随时向我社印务部调换。

前言

关于“迈出一小步”的故事

我是一个普通人

我毕业于一所普通的大学，虽然学校也算有一定的知名度，可我并没有在大企业就职，而是在一家小公司上班。上班期间我一直勤勤恳恳地认真工作，然而我既没有取得傲人的业绩，也没有获得显赫的头衔。因此，我在相当长的一段时间里都沉溺在挫折之中无法自拔，常常失眠。我认为生活之所以会有这样的偏差，是因为我的努力还不够。我为此也读了很多关于发掘自身潜能的书，然而这些书并没有帮助我找到解决问题的答案。

开始尝试“迈出一小步”计划

每天早上我都会做很多事，比如，写日记、背英语单词，也会摘抄金句，听一听播客[1]，有时还会边听音乐边散步，制作

1 播客，是以互联网为载体的个人电台和电视台，目前以音频传播为主。

我的个人相册，等等。每天就花 10 分钟做这些小事，渐渐地，我喜欢的且对我而言是必需的小事从一件变成两件，两件变成三件，慢慢多了起来。在悄无声息间，我的成就感越来越强。因为我做这些小事的时候，既没有制订多么远大的目标，也没抱有过高的期望，完全没有任何负担，所以很容易就能坚持下来。在不知不觉中，就这样过了三年。

在 Brunch story[1] 上码字

过去三年的坚持终究还是潜移默化地改变了我，我将这些改变一一记录在了我的个人博客上。起初并没有什么人关注，但是随着时间的流逝，关注的人逐渐多了起来。到现在，居然有成千上万的人在读我写的文字，转发我的文章，甚至还有人会在我发帖之后马上给我留言。一些讲课和见面的邀约也接踵而至。

关注我，想和我见面的人大多是待业人员或创业者，也有正考虑更换工作的在职人员，每个人的眼睛里都闪烁着渴求的光芒。虽然这些人的年龄、身份各不相同，但是大家的苦恼却惊人地相似——我是谁？我在做什么？我该过什么样的生活？我该怎么做，才能一边做着自己喜欢的事，一边又能养活自己和家人？于是我们一起分享各自的苦恼，有时还会在一起讨论苦恼的来源，以及该如何解决。在这个过程中，我知道了一些

1 Brunch story，韩国的博客平台。

深藏在他们内心深处的愿望。

想要活出自我

大家所有的苦恼，归根结底就是一句话——“想要活出自我！”这是一种不需要由他人定义为非凡的、不同寻常的人生，而是按照自己的样子生活。当然了，别人难以界定什么是“自己的样子”，毕竟除了当事人没人知道。

我建议大家先迈出一小步。每天尝试做一些自己喜欢的小事，怎么样？凑巧的是，那些做到活出自我的人，都在迈出这一小步。他们每天早上都在重复相同的事情，整理床铺、冥想、听自己喜欢的音乐、散步，花时间在自己喜欢的事情上（有人称之为“生活的仪式感”）。这三年来，我坚持迈出的每一小步，也是沿着和他们相同的方向。

我变得不同了

我决定接受自己的平凡，如此一来，我就不会继续羡慕那些成功的朋友或其他人的生活了。因为我专注于自己喜欢、擅长的事情，根本没有时间去跟别人做比较了。每天坚持迈出的一小步，让我找到了自己真正喜欢做的事。坚持背英语单词的某一天，我发现我不但能听懂一点儿英语演讲了，还能看懂没有字幕的英语原声电影了。带着这份自信，我又开始背日语单词。在不知不觉中，我也可以拼读出那些偶然看到的日语单词了。这小小的满足感让我有点儿兴奋。如果一开始我是抱着精通英语或日语的目的，那我肯定会遭受挫折，但是我设定的目标没有丝毫贪念，只是单纯地每天记几个单词。这样的一小步，经过日积月累之后，让我渐渐有了一丝“我可以”的自信。

自尊水平得到提升

我有了一种全新的自尊体验，不是我比别人都要好的自尊，而是一种完全不同的自尊。这都是我每天用10分钟做一些小事，坚持几年下来取得的成果。慢慢地，我自己喜欢，并且想要做的小事越来越多。虽然看起来“迈出一小步”并不起眼，但是在长期坚持后所收获的那份快乐、满足感与幸福感，就是“迈出一小步”所馈赠的礼物。与此同时，逐步提高的自尊水平也开始源源不断地为我的生活提供能量。

你想过什么样的生活?

请注意，不是别人希望你活成什么样子，而是你自己想要过什么样的生活。为了过自己想要的生活，你正在做什么?

就我而言，我正做着自己喜欢且擅长的事，和我喜欢的人生活在一起。自从离职后，我一直都是一个人在工作，但实际上和我在一起的人却变得更多了。我和他们聚在一起思考人生、写书、做播客、讲课、做项目，等等。当然，我也有几天几夜不眠不休的时候，也有遇到挫折的时候，但这些都没有让我感到辛苦。为什么呢？因为这是我想要过的生活。

与我在职场上打拼的那 17 年相比，现在独自一人工作的这一年多时间里，我的成长反而快得多。如今的种种皆源于持之以恒地“迈出一小步”。从下定决心要每天写下三句话的那一刻起，从决定不再乘坐公交车而是改为步行回家的那一瞬间起，从打算每天默记 5 个英语单词的那一刹那起，一切就开始变得不同了。

即便是现在，我也只是一个普通人

我没有巨额的财富，没有令人敬仰的声望，迄今为止，我依旧只是一个平凡的普通人。尽管如此，我却知道如何将平凡变得不平凡的秘诀，那就是过自己想要的生活。这句话可以理解为做自己喜爱、擅长的事情，并且有一套自己专属的标准，哪怕是吃一顿饭，看一本书，甚至是参加一次聚会亦如此。这种生活方式具有鲜明的个人色彩。

你们发现没有？那些过着自己想要的生活的人，通常都是有着丰富阅历的人。因为我们想通过自身努力过上自己想要的生活，除了长时间地积累，不断实践和体验，别无他法。这个过程也没有捷径可走，唯有不断地、持之以恒地“迈出一小步”。

本书是对三年来“迈出一小步”的全程纪实

我竭尽所能地想将我的实践内容全部记录下来。有些“发掘自我”的书籍中只记录那些惊人的变化，而我并没有这样做。我将在这三年里亲身经历的点点滴滴，哪怕只是一个微小的变化，甚至是遇到的困难，都毫无保留地呈现给大家。我只想真实地记录那些我做到的事情，因为那也是大家都可以做到的事情。说不定这就是本书与其他同题材书籍最大的不同之处——一本关于普通人的践行实录。现在看来，这本实录中记载的点点滴滴慢慢改变着我的生活，让我变得更像我自己，让我的生活更贴近我自己。这便是“迈出一小步”送给我的礼物。这份厚礼着实让我心怀感激，而我非常想要与翻开这本书的你一起分享这份礼物。

目录

第三章 “迈出一小步”实践记录（二）

第四章 寻找最真实的自我

第五章 “迈出一小步”，与危机相遇

第六章 在职场“迈出一小步”

第七章 明天也要坚持“迈出一小步”

第一章

从“迈出一小步”开始

妙用“三行日记”，和自己相遇

我迈出的最有代表性的一小步就是写“三行日记”——每天早上在日记本上写三行话，第一行写昨天发生了什么不好的事情，第二行写昨天有哪些美好的回忆，第三行写今天想要做什么。通常来说这不会花费太长时间，最长也不会超过 10 分钟，短的话，5 分钟便足够。就这样坚持几个月下来，我逐渐养成了写“三行日记”这个小小的习惯。如果哪一天早上没写“三行日记”的话，那我会在工作的间隙补上。假如真的因为工作太忙抽不出时间，我通常也会在睡前写完这简短的日记。倘若真的没有什么内容可写，我也会空着，什么都不写。事实上，一年中也就那么一两天是无事可写的。

其实“三行日记”是一个早已被大众熟知的记录方法，最早是从一位日本医生的“七行诊疗清单”演变而来的。起初，日本的一位医生通过“七行诊疗清单”的方式记录并整理出患者的状态，不仅能对患者的情况一目了然，还能从中寻找出解决病痛的思路。渐渐地，这种简短的记录方式演变成了一种对自我内审的方法。我也非常想要了解我自己，所以满怀期待地开始写下我的“三行日记”。事实上，每天难的并不是写下“三行日记”，而是在写日记的过程中找到审视自我的方法。

发现自我的微习惯

有一天，我从之前写的“三行日记”中发现了一些奇特的东西。原本我是一个有些“社恐”的人，现在的我居然能从社交中获得巨大的满足和能量。类似这样不易被察觉的变化，都被记录在日记中。

此外，“三行日记”赤裸裸地将日常生活中种种负面的部分呈现到了我眼前。相处起来让我感到别扭的邻居，因为失约而对客户产生的愧疚感，向妻子发脾气后深深的懊悔……通过整理日记，我还发现有时我会犯相同的错误。比如，我在休息，当我打开电视机的那一刻起，一天中最重要的时间就这么被挥霍掉了。本来应该用于打扫卫生、陪伴孩子、读书的时间，就这么在不知不觉间消失不见了。类似这样的事情反复发生，而且我还总会胡思乱想，陷入苦恼和担忧。这些记录在“三行日记”中的事实让我无言以对。日记中的我，就是真我的一个分身，连真我在日常生活中都不易发现，更不要说这个分身。可以说，“三行日记”可以算作是展示我真实状态的一览表了。

有些人说日记是有缺陷的，有泄密风险。例如，日记会在无意间勾起人们对那些辛苦的、痛苦的、原本想要忘记的事情的回忆。不过“三行日记”并不会有这种风险。因为第一行记录的那些不好的事情常常会被第二行记录的美好回忆抵消，第三行以对崭新一天的期望、要下的决心、要做的计划等来收尾，所以写“三行日记”几乎不会出现让人陷入负面情绪中的情况，反而能帮助我们清空内心，让我们能以一颗轻松的心迎接新一天的开始。

“三行日记”就这么悄无声息地渗入我的生活，改变着我的生活。我之所以能每天不间断地写“三行日记”，最主要的原因就是它可以帮我弄清楚“我是谁”的问题，让我能深刻地剖析自己，将我的情况详细地、鲜明地呈现出来。

审视受到刺激后的自我

我们每天都面临着各种各样的突发事件。好的事情固然有，但不好的事情也很多。人的本能让我们将注意力更多地集中于事件本身，却忽略了那时自己的样子，而那时的我们才是最真实的自己。每个人的气质、修养、生活环境、价值观都不同，即便遭遇相同的事件，不同的人也会做出完全不同的反应，这与事情的好坏无关。“三行日记”能将我们遭遇不同事件时的真实反应记录下来，记录的结果就是在证明“我是谁”，让我们最终明白想要打造一个什么样的自己，以及如何展示我们最像自己的样子。这种方式不仅直接，还很鲜明。我十分确信，“三行日记”能帮助我发现什么才是最像自己的样子，所以我开始将“三行日记”全方位地拓展到整个生活当中。

活用“三行日记”的方法

每周周五晚上或周六早上晚些时候，我都会把这一周写的“三行日记”拿出来翻看一遍。甚至有时候，我还会找出一年前的日记来看一看。随着复盘时间的积累，我渐渐地能较为客观地审视自己了。日记中的我，不论是一周前的，还是一年前的，既有可能跟现在的我一模一样、毫无变化，也有可能变得有所不同了。

一番回顾下来，我并没有发现自己出现了多么惊人的变化。不过我还是抱着一丝期待，将这些内容都整理到表格里来做分析。我想知道哪些事情吸引着我，哪些事情耗尽了我的能量；我想知道是什么力量在推动着我的行动。当我将过去一年在“三行日记”中反复出现的内容整理到表格中后，出现了这样一份清单。

见面和沟通，可以共情地对话 / 46 次

有拖延的习惯 / 42 次

对家人发火，表现出烦躁的情绪 / 25 次

关系不和谐，沟通不畅 / 20 次

散步等与“迈出一小步”相关的事情 / 17 次

需要鼓起勇气去挑战的事情 / 13 次

担忧、焦虑 / 6 次

我自己和我身边的人对我的评价很一致——我并不能享受与他人的会面。有一次，明明已经到了跟朋友约定好见面的日子，我还是找借口推托了约会。不是因为我讨厌那位朋友，只是我需要比其他人更多的独处时间。与别人一起工作这件事本身就让我觉得疲惫、艰难。我是一个更倾向于独立工作的人，独自一人工作的感觉妙不可言。然而就是这样的一个我，竟然也能在与他人的会

面和沟通中获取巨大的能量。

另外让我感到震惊的一点是，我对待家人的态度。根据“三行日记”里的记录，过去的一年中，我居然向家人发火或是甩脸色 25 次，算下来平均一个月就要发 2 次脾气。连我自己都完全不知道，原来那个平时喜静、斯斯文文的我，一旦发起火来竟然那么可怕，这实在让我有些难以接受。也许这就是那个一直以来潜藏在内心深处的“真我”吧。那个“真我”想要冲破束缚，向外显露自己，因此与现实中的我产生了碰撞。

关注隐藏在内心深处的需求

曾经有一位与我关系很好的同事在参加完“非暴力沟通”的研讨会后，把他在研讨会上学到的东西给我做了一次详尽的分享。虽然这个研讨会只是一个传授大家如何进行健康对话的活动，但其中有关“人类内在需求”的内容让我产生了浓厚的兴趣。我把那位同事给我的“需求清单卡”摆在面前，然后按照卡片上的书写规范将“三行日记”中的内容重新整理了一下，总结之后我发现自己原来是这样的：有两点对我特别重要，一是“心灵需要有空间”，二是“生活需要有秩序”；我享受通过“新发现和刺激”的方式来获取知识和成长；我是一个十分关心生活的意义和价值的人；我可以通过沟通与挑战获得生活的勇气。

我认为这些需求十分重要，不但不能被无视，还需要一点点地被满足。为了实现这些目标，我选择从小事做起，不断地迈出一小步。我将这些内容写在了笔记本上，然后将与之匹配的各种“迈出一小步”计划一个个增补进去。

就像写“三行日记”一样，为了获得“心灵的空间”，我每天早上都会早起十分钟读书。还会摘抄一些令人印象深刻的美文好句，抑或书中令人深思的章节，还会用 Kakao Talk[1] 分享给朋友。我也会在早上散步，有时会边散步边收听自己喜欢的播客，有时也会听喜欢的音乐。我还会在早上搜索新闻报道中感兴趣的关键词，摘抄喜欢的专栏作家的文章。我做这些可不是单纯为了发掘自我，而是为了寻找“新发现和刺激”。

在 TED[2] 演讲中，我听到了许多具有前瞻性的思想。我之所以制作上百个纪录片清单，是因为我认清了一个事实，那就是我能在制作清单的过程中获益良多，可以学到知识并获得成长。我还可以通过文字向其他人分享一

1 Kakao Talk，韩国一款类似于微信的聊天软件。

2 TED，美国的一家私有非营利机构，该机构以它组织的 TED 大会著称。每年 3 月，TED 大会在北美召集众多领域的杰出人物，分享他们关于技术、社会、人的思考和探索。

些我所关心的内容和想法，这也给了我巨大的能量。即便我每次听演讲时都很紧张，但我仍旧坚持听与“自我开发”和“品牌化”主题相关的演讲。听这类演讲不仅是对我的一种挑战，也是在赋予我勇气。我既能从这个过程中感到满足，也能发现自己有所成长。

“迈出一小步”计划表
成为生活的发动机

“迈出一小步”的方法十分简单，我一开始只是在笔记本上随便找一页，画几个格子。横向画7格，对应一周的7天，纵向就填“迈出一小步”的具体项目名称。就这样，一个简单的计划表就出炉了。做好计划表后，只要是我做过的项目，我都会在对应的格子里打“√”。不过需要注意几项标记原则：第一，只标记做过的项目；第二，绝不在没有完成的项目后面打“√”；第三，如果发现哪个项目在一周内完全没有做过，就果断地将其删掉。

做记号的目的在于以此获得一份坚持下去的力量，所以我认为没有必要给未完成的项目打“√”。因为不真实的标记会令我产生挫败感，也不能提供任何帮助。如果有某一个项目在一周内都没有完成，这并不能说明自己不够努力，只是单纯地表明这个项目与自己不匹配。我觉得花了一周都没能去完成的事情，今后应该也很难完成了。

我在笔记本上写了十几个项目，然后开始每天确认执行情况，并且每周都会增加一些新项目进去。例如，在记住英语单词后练习英语对话，学习日语后选择了解日语播客的推送内容，将读书范围扩大到以前很少涉猎的短篇小说和诗歌……

随着时间的推移，进行中的项目越来越多。我一边实践，一边调整表格样式，最后确定了一个固定的表格样式，这也是目前为止我每天都在使用的表格样式。一张A4纸可以记录两周的项目执行情况，这样的记录表我已经攒了50多张。

“迈出一小步”，简单且令人快乐的习惯

无论走到哪里，我每天都会把“迈出一小步”计划表带在身上。当困意来袭时，马上拿出来看一下有哪些事情是可以马上做的，然后就立即付诸行动。神奇的是，我居然很享受做这件事。可能在某些人眼中，如此行为的我就像患上了强迫症，但我自己却乐在其中。那感觉就好像是捏破气泡袋上的小气泡，很过瘾。

只要打开计划表，一眼就能看到哪些项目做了，哪些

项目没做，这时我就会被一种微妙的胜负欲所掌控。在地铁上记5个英语单词，工作之余掌握一种快捷键操作方法……做完后在计划表上做上标记。每当看着计划表里的完成标记越来越多时，一种莫名的成就感就会油然而生。如果某天整张计划表上的项目都被打满了标记，那绝对会是令人激动且充实的一天。

是不是有人无法与我产生共鸣？撑着头在想我说的是真的吗？肯定会有人对我的言论嗤之以鼻，不过我的确在不断重复上述行为的过程中产生了前行的动力。我并没有为了“迈出一小步”付出多大的努力或是投入很长的时间，但我真的每天都会获得热情和力量。

在我执行“迈出一小步”计划时也会遇到一些怪现象，例如，在我的“迈出一小步”计划表里有一项常设内容是“提前10分钟到场”。我虽是一个人工作，但也常有外出会面或参加会议等情况，因此对我来说这条十分重要。是否守时，直接影响了我与客户、合作公司间的信赖关系。奇怪的是，当我确实做到比约定时间早到10分钟并在计划表中做好标记后，所获得的满足感却很小，因为一模一样的成就几乎隔几天就会出现一次。综上，我得出了一个令人震惊的事实——人类的大脑会对同质化成就产生钝感。这也是要不断更新“迈出一小步”计划表中项目的原因。

产生对自己的期待感

我之所以会在过去的三年里随身携带“迈出一小步”计划表，是因为在这段时间中，我一直努力地完成与自己的约定。而我努力的证据，就完完整整地记录在“迈出一小步”计划表中。每当我翻看计划表上满满的“√”时，我都更加坚信自己今后也可以遵守与自己的约定，这会让我对未来产生更多的期待。

一般来说，填写到表格里的大部分项目都是10分钟左右就能完成的事情。就是这样一个个短短的10分钟，经过三年的反复实践与积累，现在已经如同骑自行车一般在我的身体里形成了肌肉记忆。我做起来不但更得心应手了，而且从中获得的满足感也更加强烈，这让我充满了热情和勇气。我每天都把“迈出一小步”计划表带在身上鞭策自己。同时，只要有机会，我也会把它拿出来同周围的人分享。话说百遍不如实例一件，当我拿着计划表向别人讲解的时候，大家就更易理解什么是“迈出一小步”，以及要怎么去做。这便是这三年的积淀让我获得的自信与力量。

“迈出一小步”计划表如实地记录了我工作的时间、休息的时间、喜欢的事情和要挑战的内容。每当我看到表格上有位置空着时，我都会仔细回想为什么我没有做这个项目。明明只是花 10 分钟左右的时间就能搞定的，这一天我到底在忙些什么？我竟然连 10 分钟都抽不出。每每思考过后，我都会下定决心——一定要把计划表里的每一个格子都做满标记！其实所谓的完满人生，无非就是每天尽力把这些看似不起眼的小事都做好，在这个过程中体会到的满足感和成就感，就是我活着的最好证明。

我，就是这些小事的主人

其实在“迈出一小步”的实践中，我也追加过很多“不小”的项目，只是最后它们都被我删掉了。如今，“每天画一幅画”“每天做 50 个深蹲”之类的项目已经从我的计划表里消失了，取而代之的是“每天记账”“比约定时间早到 10 分钟”一类的项目。我并没有执着于无法完成的项目，正是通过层层筛选，我自然而然地拥有了 29 个经过实践证明可以实现的项目。

回过头来仔细研究以往的项目清单，那些能持之以恒的项目无非都是一些细小而平凡的习惯。例如，散步、读书、写日记、打扫卫生、学习某门知识等。我的这份计划表，与执行者的身份、地位、性格等诸多条件统统无关，简单到只要下定决心就能实现。只不过这份计划表的真正价值并非其本身，而是在于反复做这些事情的主体是我。事情再小，只要做了，每天最少也能做 20 次生活的主人。是的，我自己就是这些琐碎日常、微小习惯的主人。

以前，我想读书就搜索畅销书排行榜；想看电影一定会根据票房来选择看哪部（只有这样做才安心）；去饭店吃饭总是抄袭别人的菜单；别人喜欢什么工作，我就跟着渴望什么工作。我明明知道自己应该是生活的主人，可事实却是在长大以后的很长一段时间里，我仍旧跟随着别人的脚步，根本没能做自己的主人。我甚至都不曾想到，原来盲目跟从别人的人是真正的失败者。现在想来，直到我贯彻了“迈出一小步”计划后，我才真正地成为生活的主人。

对待人生的礼仪

我从不认为“做自己生活的主人”是一件多么艰巨的挑战。所谓“做自己生活的主人”，就应该从日常生活的琐事开始做起。按照自己的意愿计划每一天，用自己的努力来完成每一个小目标，品尝每个决定后的苦与甜。人生只此一次，何其珍贵，难道不应该享有这份礼物吗？

为了不迷失人生的方向，我每天努力地写“三行日记”，整理“迈出一小步”计划表。每天发一条短小的名言警句给我自己和最亲近的人，体会这份沟通的快意；每天背几个外语单词，提升外语水平，拓展思想的宽度；摘抄有见解的专栏内容，学习人生的智慧……这个计划不是做给别人看的，是由我亲自制订并做给我自己的。如此，从早到晚我都是自己生活的主人。

我坚信，如果一个人连自己生活中的琐事都不能做主，那么他绝对无法成为自己生活的主人。我每天践行“迈出一小步”计划，认真地做好每一个记录，是因为不管怎么样，至少我要成为这些小事的主人。

编码，坚持“迈出一小步”的秘密武器

自从有了记事本 APP（移动互联网应用程序），我管理起“迈出一小步”计划就变得更加便捷了。我在 APP 上对项目专门进行了分类，比如，纪录片、名言、咖啡、音乐、品牌、诗歌、旅行、摘抄、书、TED 演讲等。大分类项目下面的小分类还为文字提供编码功能，例如，在

“纪录片”项目的末端会显示“#73”，意思是我在空闲时间观看了73部纪录片。通过APP，我可以知道到目前为止我一共写了241个专栏，找到了150首喜欢的歌曲，收藏了385本书，连TED演讲都看了70场。

那些每天花费5～10分钟就能搞定的小事、小习惯，经过积累、沉淀，竟然也形成了一种微妙的刺激。例如，上传完第138篇专栏后，就想继续写第139篇。数字是神奇的，总是可以轻而易举地触及人深藏的潜能。很多人会认为执行“迈出一小步”计划是在做无用功，可数字却给这个过程赋予了意义。就如同看一个小雪球从山顶滚落，越滚越圆，从小滚到大的过程。现在我明白了，为什么恋爱中的人要过100天、一周年纪念日了，不正体现了他们强烈地希望守护并维持关系的诉求吗？

编码与数字的激励

给“迈出一小步”计划编上号码是可以给执行者源源不断提供能量的。从逐渐增加的数字上就能看到所取得的成就。为什么我们每年都要过生日呢？为什么每个月都要在墙上标记孩子的身高呢？为什么要过结婚纪念日呢？这就好似可以从一圈圈的年轮上读出大树经历的岁月一般，每个数字的增长都代表着有什么东西也在变化着。

我相信只要明白数字所隐含的深意的人，一定是能幸福生活的人。我也深信一个连一闪而过的琐碎日常都会记录的人，肯定是一个深刻懂得珍惜时间的人。

今天我从孙石熙[1]先生主持的简报中摘抄了一段，编号为“#241”。我跟随着很多写作大家的步伐，相继转载了241篇文章，记录下很多精彩绝伦的章节。我不知道我的写作水平有没有随着数字的增加而变好（很可能并没有），但是数字所带来的充实感是真实存在的，那并非一个数字那么简单。在每天10分钟的日积月累之下，我的思想与阅历都在发生质的改变。这便是来自编码与数字的激励。

1 孙石熙，韩国JTBC（韩国有线收费电视台）新闻部部长、主持人。

小贴士

如何写“三行日记”

所谓“三行日记”，简单来说，就是每天在日记本上写下三行文字。每行文字最多不超过笔记本上一行的长度。记录“三行日记”的重点是文字简洁、扼要，真实地还原事件本身。具体要点如下：

1. 写清日期，年、月、日、星期都要有。

2. 第一行：记录前一天所发生的糟糕事，哪怕只写令自己感到后悔或者不舒服的事也没问题。如果是在当天晚上写的话，那就把前一天的经历换成当天最糟糕的经历记录下来。

3. 第二行：记录当天或前一天让人开心、值得庆祝的事，或者让人感到幸福的回忆。

4. 第三行：表决心、定目标。为了度过一个更有意义的今天（或明天），自己决定做些什么。写下这一行文字，能让自己一天的压力减轻不少。

5. 在笔记本左侧记录一周的“三行日记”内容，周末在右侧对一周的内容做简短的回顾、总结。用荧光笔将“三行日记”中重要的内容标记出来，这样就能清楚地知道自己关注了什么、有哪些烦恼，一目了然。只要坚持按这种方式整理，很快就可以知道自己是一个怎样的人了。

示例

2024 年 5 月 8 日　星期三

1. 最不好的事情

今天起床起得太晚了，浪费了很多时间。

2. 最好的事情

毫无遗漏地完成了一整周的每一项自我发掘任务，满足感爆棚！

3. 今天或明天的目标

客观地对待焦虑，将精力集中在最重要的事情上，增强生活的能量。

第二章

“迈出一小步”实践记录（一）

下班路上偶然的一次散步

又是平淡无奇的一天。和以往一样，出地铁站后，我来到了公交站台，排队等回家的公交车，十多年来一直如此。我怀着一颗焦躁的心，就这么呆呆地站在队伍末尾，望着公交车驶来的方向，提在手上的电脑包好像比早上去公司的时候更沉了。一想到还没处理完的工作，我的心情也更加沉重了。我现在什么都不想做，只希望能快点儿回到家，吃饭、洗漱、休息。突然，一股莫名的厌倦感涌入我的脑海，在大脑里不断翻滚。只要一想到明天又要重复今天的种种，我就感到窒息。

我也不知道自己是怎么从排队等车的队伍中走出来的。不知不觉间，我走到了一条小溪边的人行道上。我之前从未走过这条路。喧闹的人群、飞奔的车流在刹那间消失不见了，耳边一片宁静。人行道与自行车道两边的人工草坪上盛开着紫芒，它们随风舞动，摇曳着身姿向我招手。我沿着人行道慢慢向前走着，目光所及之处，夕阳下的水面波光粼粼，自由自在游荡的鸭子和水下悠闲自得的锦鲤偶遇。

现在想来，这是我自上班起，十来年来第一次没有乘坐公交车，而是用双脚走回家。步行回家大概要 30 分钟，坐公交车大概要 20 分钟，两者仅差 10 分钟左右而已。

三年后的某一天也是这样，在结束了两场会议和一场演讲后，我拖着疲惫的身体走出了地铁站。那天晚上虽然下着雨，但我迫切想要休息，所以我没有丝毫犹豫地走下台阶，踏上了那条人行道。习惯性地戴上耳机，打开播客，想找东西听一听。思考了好一会儿，我点开了一档由作家和主持人以“平时喜欢看的电视剧”为主题进行畅聊的播客节目。那天是围绕着《权力的游戏》播放的特辑，主题是“如果人生只能看一部剧的话”。

人生之路不止一条

曾有一段时间，我一直苦苦追求成功的人生和幸福的生活。为此，我差不多在一年的时间里读了几百本书，甚至还做出“跳槽”这种鲁莽的行为。那时的我不分昼夜地工作，连休息日也没有，换来的是我住进了医院（患了惊恐症）。即便如此，那时的我始终认为想要改变人生，除了努力工作以外，别无他路可走，我只有更努力、更认真地工作才能改变现状，否则我就是一个彻头彻尾的失败者。也许并不单单是我，此时的你是不是也是这样生活的呢？就像十多年来，我只知道坐公交车回家，从没想过步行也是可以回家的，从没想过原来还有其他的路可以到家，从没想过是不是还有其他的选择能改变自己的生活。

有一天，当我听到一个同事说起自己走路下班的经历时，我才想到，是啊，原来也是可以走路下班的。不过那时的我也只是想想而已，身体的疲乏让我没有勇气走路回家。就为了省下那几块钱的公交费而走路回家吗？那我还不如快点儿到家洗漱，然后休息呢，这才正常，不是吗？即便是听过同事的话后，我也根本没有要走路回家的打算。直到偶然间的一天，我终于鼓起勇气步行回家，这才让我幡然醒悟，原来一个人安静地走路回家是可以恢复元气的，那段安静的、无人打扰的时光是可以治愈自己的。我可以听着喜欢的音乐和题材各异的播客，不断激发对知识的渴求，我在这段时间里获得了重新面对今后各种挑战的力量。如果那天我没有选择走路回家的话，那我现在应该还在低垂着双肩，毫无生气地坐在公交车上吧。

走路时产生的勇气

为什么过去的十多年里我都没有尝试过走路回家呢？除了109路公交车外，还有其他方式可以回家，为什么我就视而不见呢？既然连回家的方式都可以有多种选择，那是不是说明也会有一些办法，可以使人生的某些领域产生变化呢？无数个疑问在我的脑海中不断盘旋，我决定先走一走再说。散步让我不那么疲惫了，思路更加清晰了，身体也更加健康了，这仅仅是走路回家产生的效果。看来，只有当人的精力耗尽后，才会在某个合适的时间节点再次重燃生机，多少有一点儿物极必反的意味。

也是在那个时候，我第一次生出了“要过得与其他人不同”的勇气。然后，我就制定了自己的原则、标准。为了能坚持一年甚至更久的时间，我开始选择做一些很小、很简单的挑战，然后做那些既令我感到充实又是我自己喜欢的事情。即便我因为某些原因没能完成目标，也不会有压力，不会产生负面情绪。从此，我为了那些体量虽小却真实的幸福，开始了“迈出一小步”计划。

只有散步时才能看到的风景

自从开始散步回家后，我觉得自己好像又有了活力。站在横贯小溪的桥上能看到高档住宅区的夜景，单单是望着那一片耀眼的夜景，都足够我沉浸、驻足一段时间。慢悠悠地走回家大概需要 30 分钟的时间，身上会出不少汗，正好可以舒舒服服地冲一个澡，洗去满身的疲累。

有一天，我比平时下班晚了一点，实在太饿了，又坐公交车回家了。填饱肚子后，一股空虚感莫名涌上心头，于是我便披上外套出门了，围着小区走了大概 20 分钟。我突然间明白了一件事，那就是在不知不觉间，散步已经成为我的一个小习惯。从那以后，不管多晚下班，我都会走一走。有时候还会在凌晨出门散步，一边走一边听一听下班路上没能听到的播客或音乐。

夏天的傍晚，我还会和妻子一起慢慢地走在女儿身后。和家人一起散步的感觉，与跟家人一起逛超市是完全不同的。因为散步是不带任何目的的，只是悠闲地迈着步子，和家人随意分享日常的趣事。妻子跟我说她的一个熟人用丈夫的奖金开了一家咖啡店；女儿滔滔不绝地给我讲她正在看的漫画里男主人公的故事，一切都是那么静谧、美好。有时，我那个很宅的儿子也会和我们一起散步，这真是一个令人开心的变化。不可否认的是，即使一家人生活在同一屋檐下，其实平时也很少会坐下来聊聊天。但散步却能让人自然而然地敞开胸怀，与家人分享见解、谈天说地。为什么呢？因为在散步的时候，既不能看电视，也不能一直看手机，所以就只能聊天了。事实上，能在散步的时候跟家人一起聊天，我是十分高兴的。

对散步的再开发

当时我上班的公司午休时间有 30 分钟，有时我会用这段时间跟同事们聊天，更多时候因为要赶工，只能匆匆吃完午饭，然后重返工位。在养成散步的习惯后，我就把午休时间完全变成了我个人享受的时间。公司旁边有座首尔林公园，逛完首尔林公园的一个区域差不多要 20 分钟。公园内种植的树木品类繁多，植被错落有致，风景优美如画。这段在公园散步的时间便是我送给自己的一份礼物，哪怕停下脚步，只是望着远处的植被也令人心旷神怡。在这里经常能遇到一些穿着韩服的小朋友在嬉戏打闹；有时也能看到电视台的外景车和为了播报天气预报而到这里取景拍摄的工作人员；还能看到一些忙里偷闲的老年夫妇坐在草坪上慵懒地打发时间；到了五月这个结婚的黄金月，还经常能看到一些来拍婚纱照的新人。

在这段只属于我自己的惬意时光中，我不会去想那些我绞尽脑汁也想不出来的企划书，也不去想一直盘桓在脑海里挥之不去的烦恼，就那么闲散地迈着步子走在公园的小路上。这看似毫无用处的散步却是有实效的，经常在走了一段时间后的某个瞬间，脑中就会灵光乍现，就能解开一直萦绕在心头的困惑。好像脚下松软的土地、轻轻拂过面庞的微风能把烦闷带走。偶尔什么都不做，就只是安静地坐在长椅上，也是惬意的。换作以往，我应该正坐在沉闷的办公室里，为了工作上某个解不开的难题而沮丧。

也是从那个时候起，我开始在每天散步的地方拍摄照片，记录下这属于我自己的时间。我每天都会在相同的时间、相同的地点，用手机捕捉路边的风景。仅一年的时间，我的手机里就盛满了四季的变化。后来，我开始拍摄其他内容，比如，偶然间跃上枝头的鸽子、草地上吃食的野鸡（看起来像野鸡，不能确定是不是）、游荡中的流浪野狗，等等。

不记得从哪天起，我开始辨别植物的名字。我发现原来在我常走的那条路的两边种的树是枫树，那些笔直向天生长的树是红松，看似有点儿杂乱无章、花朵有点儿像菊花的是一年蓬……

幸福的“毒药”

好奇是办法的缔造者。我会拿出一直摆放在书架上的植物图鉴、鸟类图鉴，翻开检索午休时遇到的各种野花、鸟类。神奇的是，当我知道这些植物、鸟类的名字后，它们似乎就变得不一样了。从前我的认知里只有“树”“花”“鸟”这些大项，但原来它们是这么丰富多彩，仿佛一下子就变得生动、活泼起来，有了灵气一般，我自然而然地对它们产生了喜爱之情。叫着它们的名字，脑海中就浮现出了与它们有关的故事。为什么它叫这个名字？它与其他亚种有什么区别？它是怎么在我们周边生活的……一个个有趣的问题在脑海中浮现。

散步拓宽了我狭隘的视野，让我可以看到更广阔的天地。尽管每天散步的时间并不长，但我仍能在散步的过程中发现周围细小的变化，帮助我打开眼界。就是看起来极为相似的两棵树，实际上也有细微的区别。它们的颜色、叶子和叶片的脉络都不是一模一样的。同一条路，随着季节的更替也会有完全不同的视觉质感。曾几何时，我的思想稍有不慎就会陷入办公室那小小工位的牢笼中。后来，我感知到了变化的喜悦，一点点地敲裂了束缚我精神世界的枷锁，让我得到解脱。就这样，我“中毒”了，中了散步的“毒”。这不是普通的“中毒”，而是一种幸福的“中毒”。

不迎合他人喜好，坚持专属于我的播放列表

妻子对我讲过，当年她相亲时对配偶的要求中就有“喜欢音乐”这一条。这一条必须有，其他都可以让步。我妻子特别喜欢爵士乐，结婚前经常光顾爵士乐咖啡馆。可自从跟我结婚后，她就极少去那些地方了。与妻子相反，我是一个对音乐一窍不通的人（看来妻子还是做出了让步），没想到我竟然也有需要音乐的时候，那就是当我散步的时候。

虽说播客也是散步时的不错“伴侣”，可一遇到根本不想动脑子的时候，音乐就是最优选了。如果我没有散步习惯的话，那我也不能发现原来音乐也是被我隐藏起来的需求。

成家后，我开始背英语单词的初衷是为了辅导儿子学习。回想起年轻时服兵役的那段时间，我也有过听流行音乐学英语的经历。想到此，我灵光一闪，既然如此，那我现在怎么就不能把记英语单词跟流行音乐联系起来呢？于

是，我开始每天搜一首英文歌。每天午饭后，我都用“歌词优美的流行曲”做关键词搜索好听的英文歌，然后将搜到的歌词下载下来，一边散步一边反复播放当天搜到的英文歌。坚持了一年后，我的专属歌单里已经有一百多首英文歌了。当然，我也发现了一些歌曲背后的故事。

得益于此，我结识了旅人乐队（Passenger 乐队），还有艾米·麦当劳、杰森·玛耶兹、布鲁诺·马尔斯，等等。我喜欢拿着吉他创作歌曲的歌手们。比起歌曲本身，我更喜欢优美的歌词。甚至可以说，每一首歌的歌词都是一首诗。那感觉，与领悟中国古诗词的深刻含义时受到的感动极为相似。它完全跨越了时代、种族以及个体的差异，将幸福、喜悦、困苦、悲伤等传递给每个听众。不可否认的是，一些歌曲能让人抛下偏见，产生共鸣。在我明白这一事实的瞬间，我发觉原来完成一首歌并非只是单纯地依靠音乐技巧。

旅人乐队的主唱罗森·博格以其独特的嗓音闻名，他众多曲目中有一首歌讲述的是他幼时跟叔叔一起在新泽西海岸搭乘一艘渔船出海钓鱼的经历。在歌曲中，当他得知叔叔患上癌症的那一瞬间，数百万盏灯中有一盏突然燃尽了。他唱道：

We’re born with millions of little lights shining in the dark,

And they show us the way,

One lights up,

Every time you feel love in your heart,

One dies when it moves away.

——*All the Little Lights*，Passenger[1]

当对歌词和歌手有所了解后，再听歌时的感觉就完全不一样了。而且散步时、下班路上听的音乐将我从周遭的纷杂中解救出来。一个人如果每天总是走同一条路，是不会知道还有其他路可以走的。只是听排行榜前 100 首歌曲的人，也很难拥有一个属于自己的歌单，自然也就很难有自己的想法。但是倘若能找到自己的兴趣，那么就可以由此出发，找到一条全新的路。找一找歌手的其他作品，搜一搜与那首歌题材相似的歌曲，听一听乐队里其他成员的歌，查一查那个年代流行的类似曲目……在搜索这些内容的过程中，说不定可以发现真正的自己。谁能说这不是一种发现自我的方法呢？能打动我的音乐，我所感受到的情感，我对歌手的仰慕，从另一个角度来说，就是我个人的情感。我对生活的态度以及与世界沟

1 歌词翻译：我们生来就有百万灯火，在心中闪烁，指引我们方向。每一次当你感受到爱，便点燃一盏灯。当爱远离，一盏灯又熄灭了。——《微光满天》，旅人乐队

通的方法，都与歌手、歌曲有着异曲同工之妙。

用兴趣展现自我

山姆·高斯林的著作《看人的艺术》讲述了如何通过室内的陈设等来了解一个人。读过之后，我也在尝试如何仅凭查看卧室和办公室的陈设、确认 MP3 音乐播放器里的播放列表、观察随身物品等就验证出一个人的特质。纪录片《性格的真相》中就以鲜活的事例，向我们展示了怎样以这些方法去了解一个人。

重要的是，无论是我们听的音乐，还是整理房间的方式，抑或经常携带的随身物品，归根结底都是我们兴趣外化的一种表现。或许这就是我们与他人的不同之处。因此，不断增加歌单的曲目数量，其实也是了解自己的兴趣、表明自己与众不同的具象化表现，也是深入了解自己的开始。既然能用如此简单的方式加深对自己的了解，让自己活得更像自己，那何乐而不为呢？

自从我建立了自己的播放列表，散步这件事就变得更有趣了。当然，和家人一起散步无疑是最开心的，但这并不能说一个人散步就很寂寞、很孤独。散步为我提供了生活的原动力。当我钻研的工作毫无头绪，想不出好点子时，我就边散步边听音乐。正如给手机充电一样，听歌和散步也是能给我潜藏的热情和意志充电的两个供电装置，甚至无须花费一分钱就可以实现充电。

我的这一发现不止对我一人适用。蒂姆·费里斯在他的畅销书《巨人的工具》中向大众介绍了许多名人的习惯，让人们对名人有了更深入的了解。从中我了解到，很多名人同样患有“起床困难症”，可他们却有一个共同点——拥有属于自己的歌单。在此之前，我根本不知道原来名人会选择听音乐以获得新的力量。

于我而言，是散步“唤来”了音乐，音乐又自然而然地与我的兴趣衔接。这个兴趣正是认识“真我”的重要开端。也是在此时，我猛然醒悟，原来兴趣也是一个重要的工具，有助于发现另一个“真我”。散步和音乐犹如一幅地图，一座灯塔，指引着我走向“像我自己一样的生活”。幸亏有了散步与音乐的陪伴，我才能锁定自己人生的方向。而且并非只有音乐才能陪伴我左右，其他的兴趣也同样引导着我向着更好的方向发展。

探索自我，播客的无限魅力

我曾经有过裸辞的经历，辞职后休息了三个月左右。在那之前我从没想过，原来休息会比上班还要辛苦。正值壮年的我，一个应该在职场上打拼的男人，居然大白天在家门口晃来晃去，这在外人眼里无疑是一件很不寻常的事情。我甚至能感受到周围邻居看我的眼神中都透着鄙夷。被逼无奈，我只好躲进图书馆“避难”。

在休息的三个月里，我每天都按时到图书馆“打卡”出勤。我在图书馆读了很多书，有 20 世纪 80 年代以后的韩国文学获奖作品集，还有当时人气很高的作家作品，比如金爱烂、金英夏等人的作品，也有河成兰、片惠英、韩江等人的小说。要说为什么会选这些书来读，其实原因非常简单。我认为如果连自己国家的作品都还没有读过，就沉溺于国外的译本，是一件很奇怪的事。

那三个月对我来说特别珍贵，因为我在那段时间里真的读了很多优秀的作品。正因为如此，当我听到金英夏的播客时，不知道有多欣喜。有时他会读一些在取材和写作风格等方面都非常突出的作家的作品，有时又会读一些他自己喜好的小说和纪实文学，有时还会读一些诗集，不管哪种内容，都让我十分狂热。

戴上耳机，轻点屏幕，我就可以将上班路上拥挤不堪的地铁车厢变成小说的天堂。虽说有人戏称金英夏的作品是“催眠剂”，可我却从未被催眠过，因为听有声读物和看纸质书籍的感觉是完全不同的。我就是用听有声读物的方式，“读”完了三岛由纪夫的《金阁寺》、沈甫宣的《没有悲伤的十五秒》、金素延的《心灵词典》、萨拉·马戈的《失明的城市》、郑梨贤的《今天的谎言》、乔恩·克拉考尔的《进入空气稀薄地带》等书。就这样，我沉浸在播客里无法自拔。

寻找直击心灵的播客

有段时间，我特别喜欢追李东振主持的节目“红色书房”。我原本就很喜欢影评人李东振，再加上他与小说家金重赫一起搭档的组合极具魅力，每次听他们的栏目都能将我一周的疲劳一扫而空。能听与自己志趣相投的人们坐下来聊天是一件令人兴奋又畅快的事。一些我喜欢的作家也会应邀参与这个节目中谈天说地。有时一些新晋作家会与成名已久的前辈围坐一起，听他们畅谈文学、分享人生感悟，真是一件极享受的事。

我知道并不是所有人都喜爱这个播客。不过我知道除我以外，还有人也认为“《伟大的盖茨比》差点儿变成《戴着金帽子的盖茨比》”这一话题让人耳目一新，这便足够了。在播客里能接触到很多书店或图书馆里都找不到的书籍，例如，有关文学、时事、科学、历史、常识的书籍，这不免令我兴奋不已。那种感觉就好像是当着守门员的面踢进一球时的快感，抑或拿到限量版球鞋时的满足感，在文字和故事中，也能获得类似的感觉。一千个读者就有一千个哈姆雷特，不同的人对待同一件事物的感觉不同，这无关对错与好坏，仅仅是因为每个人的兴趣与个性差异而已。

自从涉猎播客后，我渐渐明白了一件事——“对知识的好奇心”就是吸引我并推动我前行的能量源泉。

坚持兴趣的力量

喜欢了几天就不喜欢了是兴趣吗？花了大价钱之后产生的热情是兴趣吗？为了向别人炫耀才培养的兴趣是兴趣吗？不，这些都不是真正的兴趣。我们所说的兴趣，是纯粹的、没有任何杂质的喜爱。虽然每个人的兴趣都千差万别，可无论是谁，兴趣的火花都很容易在生活的重担之下、枯燥的日常之中熄灭。当人为生活所迫，面临生计问题时，最容易舍弃的往往就是兴趣。不过假如我们可以重新找回兴趣的话，我们就能获得战胜这艰辛的日常的力量，就能活力满满地度过糟糕的一天，这就是兴趣的力量！那些知道如何爱自己的人，那些幸福感满满的人，那些内心丰盈的人，全都是有自己的兴趣的人，这些人往往也有鲜明的个性。

兴趣带给我的力量是肉眼可见且真实的。我跟随着这些名为“兴趣”的牵引力量做出了很多选择，当我因做出的选择取得成功时，自尊心便冉冉升起，并且哪怕做出的选择让我失败了，我也不会产生负罪感，而是可以内心坦然地重新做出选择。举个简单的例子，不喜欢听这首歌，就重新再挑一首歌来听；现在读的小说不好看，就再找一本新的小说来读。多听一听不同类型的播客，就知道自己真正喜欢的是什么内容，自然而然就可以发现自己的兴趣所在，培养自己的个性，甚至无须花费一分钱就能做出恰当的选择。

抓住每一秒，生活的即时记录

1990 年 8 月，在日本旅游公司工作的志野田被调派到福冈工作。他担心到新的地方生活饮食会失调，所以暗自下决心要把当地吃过的三餐都画进画册里，于是志野田开始记录他的饮食。每天回到公寓后，他都会把看到的、记忆中品尝到的美食都画到画册里，这一画就是 23 年（到 2013 年），一共画了 43 本画册。后来他的事迹和画册被制作成电视节目，一直到现在还在播放中。

有个叫栗山·塞萨尔的导演，他每天都会拍摄一段

1 秒钟的短视频将自己最想记住的事情记录下来（展示在 TED 演讲现场里的视频并非每个场面都令人心情愉悦）。从栗山·塞萨尔的嫂子住院时起，到出院为止，栗山·塞萨尔每天都拍摄一段 1 秒钟的短视频。家人等在手术室门前的焦灼与担忧，以及嫂子治愈出院被接回家时的喜悦都被他如实地记录了下来。这个“每天 1 秒钟”的视频记录方式还被开发成了 APP，我也在手机上下载了这个 APP。现在我每天也拍摄短视频，将我这一天最美好的瞬间、值得记录的场景用 APP 记录下来。

到底是什么驱使着他们将自己的生活记录下来？每天一幅画，画出自己吃过的美食；每天 1 秒钟的短视频，记录下每天珍贵的瞬间，这些有什么意义呢？为什么又有那么多人对他们的生活感兴趣呢？为什么会有人学着他们的样子也画起了画、拍起了短视频呢？

记录的理由

人们之所以不断地追寻生活的价值，原因只有一个——时间是有限的。我们谁都不知道何时就会离开这个充满欢乐、悲伤、遗憾的世界，单凭这一点，就足以让我们的每一天都变得弥足珍贵。这也是为什么每一天都要过属于自己的生活，让自己的生活更有意义，而不是麻木地跟随他人的脚步过活的原因。可惜的是，人类记忆的保质期是有限的，我们很可能连一周前发生的事都记不清，更别说是一年前的事了。一周或一个月就如轻风拂过一般转瞬即逝，可那些消逝的瞬间就真的应该被遗忘吗？还是说那些时光真的只是一些普通的日常，无须挂怀？

想要每天都过得生动有趣、充实圆满本就是一件很难的事。即便如此，难道一天之中真的连 1 秒钟都不值得被记住、被记录下来吗？可口的美食，令人欣慰的小小成就，与家人在一起的某个快乐、幸福的瞬间，以及那些悲伤得无法宣之于口的一瞬间……试想一下，每天 1 秒钟，一年下来也不过 6 分钟，10 年才 1 小时，30 年也仅仅有 3 小时而已。如果在弥留之际，可以再次翻看当年的点点滴滴，能为爱自己的人留下一些回忆的话，他们很可能就会知道你最珍惜的是什么，你为了生活付出了多少努力。是枝裕和导演的电影《下一站，天国》就是以此为基调拍摄的，我觉得这是一部值得观看的电影，在此推荐给大家。

纵然回忆可能很随意、模糊甚至不完美，但那也是我们生而为人的最佳证明。我们将深爱的每一个人、每一件事、每一个场景都存储在记忆里，在将它们串联起来的过程中使自己变得丰满。当我们与自己深爱的人分享、转达这份记忆时，就可以超越时间的界限，活得更有意义。

为了找寻自己而记录

记录是一种本能。记录的方法有很多，例如，画画、拍视频等。这些都可以作为自己的记忆被保存下来。那么，能记录下这份珍贵的记忆，并可以与他人分享的人，不就是最幸福的人吗？

懂得今天的价值，无悔地度过每一天。为创造出值得被记住、被记录的瞬间而竭尽所能吧！同时别忘记迎接明天，像礼物一样珍贵的明天。

小贴士

“迈出一小步”计划表记录法

制作“迈出一小步”计划表的方法其实跟写“三行日记”一样简单。在日记本的左侧纵向写下每天要做的项目列表，右边横向分别标注出近 1 ~ 2 周内的日期。然后每天在已执行的项目下面进行标注，或是在对应处写上一些关键词，比如，时间管理、人际关系、沟通等。这类关键词也有助于今后追踪“迈出一小步”计划的执行情况，一目了然。

有一个必须遵守的原则——绝对不可以用“√”标记未完成的项目。如果有哪个项目经过一周以上的时间都还完全没有尝试过，那么请果断地将其从“迈出一小步”计划表中删除。当然，假如这个项目是“迈出一小步”计划表里必须完成的内容，那把这项内容顺延至下周也无伤大雅。切记，完成“迈出一小步”计划表本身不是重点，通过完成“迈出一小步”计划表而获得小小的成就感，以此来提升自尊水平才是目的。不要舍本逐末。所以，最重要的是一定要选择真正“小”的项目，这些项目所花费的时间要控制在 10 分钟以内，只有这样才有利于每天坚持实践。

以下是我的“迈出一小步”计划表记录法的一些心得体会：

1. 刚开始的时候，我只是随便在日记本上画表格，将“迈出一小步”计划的项目内容填进去，现在我已经制成规范的表格形式了。可以参考后面的模板，应该能提供一些帮助。通常一张 A4 纸就足够写下两周的计划清单了。

2. 随着时间推移，要进行的小项目会越来越多。我现在已经有 29 个小项目要做了。小项目数量的多少无关紧要，重要的是一定要是自己真正喜欢的，而且能持续坚持下去的。我每天都会把“迈出一小步”计划表带在身边，方便我随时记录。

3. 要把执行“迈出一小步”计划后获得的价值用关键词的形式表现出来。于我而言，这个小项目具有什么样的意义，今后可以增加哪些与之相关的新项目，都可以用一个关键词来概括总结。根据我的经验，随着时间的变化，用来表达小项目的关键词也会产生一些变化，这就说明我所追求的价值发生了改变。

“迈出一小步”计划表示例

关键词	“迈出一小步”计划	3/5	3/6	3/7	3/8	3
# 时间管理	每天清晨进行 10 分钟冥想	√				
# 沟通	每天早上写短评	√				
# 单词	背英语单词	√				
# 放松	每天散步半小时					
# 知识积累	听播客 / 看 TED 演讲					
# 知识积累	浏览门户网站新闻版块	√				
# 知识积累	读书 10 分钟					
# 码字	每天写 10 分钟“SNS”[1]	√				
# 放松	每天读一首诗					
# 沟通	与一个人对话					
# 沟通	向陌生人打招呼					
# 发现自我	制作自己的歌单					
# 生活	记账					

1 SNS，social network site 的简称。在韩国，SNS 被广泛用作社交网络服务的统称，涵盖了各种社交软件和平台。

0	3/11	3/12	3/13	3/14	3/15	3/16	3/17	3/18

第三章

“迈出一小步”实践记录（二）

语言学习，虽难却可拓宽思维

近三年时间里，我坚持每天背 5 个英语单词，一周看一两次 TED 演讲视频。得益于此，慢慢地，我可以在不看字幕的情况下听懂一些简单的英语对话了。起初我只能听懂演讲中的一些单词和简单语句，后来我开始尝试遮挡住字幕，只看视频。在没有字幕的情况下，10 分钟的演讲对我来说有点儿长，但结合一些画面，也可以听懂一部分内容。看完一遍没有字幕的演讲后，我会打开字幕重新再看一遍，然后就会有一种豁然开朗的感觉——“啊，原来讲的是这个内容啊！”迄今为止我已经看过 100 多场 TED 演讲了，但我仍对那场反复观看的演讲记忆犹新。因为当时在没有字幕的情况下，我为了能搞清楚演讲者到底在讲些什么，真的在全神贯注地听每一句话。就这样，我渐渐地在英语学习之路上找到了自信。

过了一段时间，我开始尝试新的挑战——观看没有字幕的英语电影。我选中了《爱在黎明破晓前》这部经典作品，尽管我几乎没有听懂影片中一句完整的对白，但借助电影中的人物和场景，还是大体上了解了电影所讲述的故事。自从开始看没有字幕的英语电影之后，之前被我忽略的人物表情、肢体语言和场景也都跟着变得生动有趣起来。

《爱在黎明破晓前》这部电影将美好的爱情呈现在观众面前，看似完全生活在两个不同世界的人，在使用英语对话的过程中是多么快乐、幸福。两位主人公爱意满满的对话固然让人印象深刻，可电影中配角们的表演也十分惊艳。特别是以“奶昔”为题即兴赋诗的穷诗人这一形象真令人过目不忘。英语成了电影中人物之间沟通的桥梁，而我迫切想要得到这样一座“桥梁”，这是无法用短期速成和秘诀去达成的。

为了沟通而学习语言

其实学习英语并不是我看 TED 演讲的目的，我看 TED 演讲是因为我想看到其他人截然不同的人生面貌，这使我着迷。我记得曾经有一位黑人演讲家登上过 TED 的讲台，他一直致力为黑人青少年争取权益。演讲中，他提到他的奶奶将几十个孙子、孙女都叫回来，告诉他们："你们是这世界上最珍贵的存在。"当听到这句话时，我的心不自觉地颤抖了一下。独特的英语发音让我不禁感慨："原来语言可以这么优美！"连心都随着语调的起伏而波动了。这个黑人演讲者强有力的重音更为他的演讲增添了不少魅力。那天，我被语言的魅力折服了，不是因为他讲的是英语，也不是因为他是一名黑人演讲者，只因我与他的演讲产生了共鸣。如果我无法与他的演讲产生共鸣，那无论如何我也是无法发出这样的感慨的。

TED 演讲是有魅力的。在坚持看 TED 演讲的过程中，我的认知并没有单纯地停留在思想与知识的层面上，而是拓展到了人与人之间的沟通上。从此以后，别人追剧的时候，我开始追演讲了。我真切地感受到 TED 演讲可以跨越时代的鸿沟，与观众产生共鸣，这便是 TED 演讲的魅力。所以，尽管不看字幕可能会多花两倍甚至更多的时间，我盲听演讲的次数还是越来越多了。

因需要而学习的语言

我曾反思过，在过去的 40 多年里，我不管用什么方法都没能解锁的英语听力，是怎么被每天 5 个单词所征服的？想来想去，我认为关键在于学习语言并不是目的，我要的并不是学习英语本身，我要的是遵守与自己的约定——每天背 5 个英语单词，从 TED 演讲中汲取各种知识和智慧，明白更多的事理。我希望可以沉浸在英文歌曲的意境中，可以在没有字幕的情况下观看英语原版电影。语言不应是被征服和克服的对象，相反，如果能把语言作为沟通的伙伴，那学习语言将会是非常让人享受的过程。

不久前，我又开始学日语了，每天都在背平假名、片假名，下一步我也打算每天背 5 个日文单词。假如把学习本身当作目标的话，说不定效率会更好，速度会更快，可是我的目的却不是这样的。我学习的目的是——可以更深入地了解使用该语言的人的想法。即便要花费大把时间也没关系，我甘愿面对学习过程中的各种困难。当积累到一定程度后，我打算看不带字幕的吉卜力工作室的作品，读日本原版漫画，看日本原版电影《步履不停》和《如父如子》，以日本人的思维去重新理解这些作品。

同理，我学习日语也不是为了能无障碍地和日本人交流，真正的目的是拓展思维。可能有人会说，快速提升日语水平不好吗？当然好，但绝不需要为了达到目的而花钱去上语言培训班，每天背 5 个单词就足够了。哪怕要花费 10 年时间，我也想要认真地尝试一下。我追求的不是达成目的，而是学习过程，因为我是一个享受过程的人。

如何用诗人的视角看待世界

“当你的思想得到解放时，睡意就袭来了。”这句话出自韩国诗人咸敏复的诗。我第一次读到这句话，是在“诗”APP上。这句话读起来既像是一首长诗的首句，又像是恋人最后的告白。初次读到这句诗时，昏黄的灯光下一个疲惫的人昏昏欲睡的场景就浮现在我的脑海中，那种感觉很微妙。从那天开始，从没买过一本诗集的我开始每天读一首诗。

睡前读一首诗，连5分钟都用不了，所以即使效率低下也无伤大雅。通常诗的篇幅都不长，读起来不会像读短篇小说那样有那么大的负担感。当停下来反复品味诗中内容时，就好似给忙碌的生活按下了暂停键一般，会让身心获得短暂的休憩。所以，我把读诗当作是每天“迈出一小步”计划的完美收官。

很早以前，我对诗存在一定误解，认为诗是毫无用处的。一提到诗人，心底升起的不是神往，而是一股怜悯。不过在读了一段时间诗后，我的这种想法不再牢不可破。

诗人看待世界的独特视角令我感叹不已。

为什么这个世界需要诗人和诗集？为什么人们需要一首诗？之所以会提出这些不着边际的问题，难道不是希望在睡前、在开始工作前、在心中感到空虚时能从诗中得到一丝慰藉和勇气吗？诗的作用，远超我的认知，远比我想的要伟大。

还有人没有离开过秋千，
座椅就在那儿前后摆动，
像有人在摇晃一般。

当我读到诗人文东万的《秋千》时，我觉得我身体里的“座椅”也在摇摆。我好像看到有人离开了秋千，而我走过去坐在了上面。坐在秋千上的人在想什么呢？诗人说，秋千还在轻轻地来回摇摆，就好像依旧有人坐在秋千上。

秋千不是孩童的专属，有时成年人也会坐在上面，漫无目的地摇晃着，或许是在整理纷杂的思绪，或许是在放空自己，获得片刻的宁静。秋千向前荡一下，向后摆一下，人的心也跟着轻轻摇摆。即使人的身体从秋千上下来了，心很可能依旧坐在秋千上继续荡漾。诗人所说的依旧还有人坐在秋千上，应该就是这样的吧。

电影《银河护卫队》的女主人公问正在听音乐的男主人公："你为什么听音乐？"他回答："没有特别的理由，就是想听。"

诗也好，音乐也罢，都有其本身存在的作用。有些人认为看电影、看电视、读诗或是读小说都是"非生产性"行为，我们的确很难从逻辑上说服这类人改变他们的想法。有些人喜欢用数字说话，比如，食物的热量用焦耳来标记，电子屏上显示出来的股票价值，等等。我不知道如果告诉他们诗有多美妙、诗的影响有多大是不是会自讨没趣，可我依旧想要试着说明一下。很多追求美好生活的人，都有自己喜欢的歌曲或专辑。他们说，当要专注地做某件事情的时候，一定会把自己最喜欢的歌或专辑找出来听。诗亦是如此。诗也像音乐一样，让人感动，令人充满激情。这就是为什么即使只能用小小的手机屏幕，有些人也要每天读诗的原因。正如诗人罗泰柱所说，诗是为了过童话般的生活，为了能讲一讲清晨看到的小鸟，为了又能听到小孩子的嬉闹声，为了可以停下匆忙的脚步休憩片刻。

我不愿说忧郁、沉重的话题，
我只愿说欢快、轻松的故事。
清晨，一只小鸟从眼前飞过，

孩子们的嬉闹声穿透墙壁，钻进我的耳朵，
于是，我停下了前行的脚步。

因此，我每天睡前都会读一首诗。虽然读诗无法给我即时的利益，但读诗的时间本身就是一份珍贵的礼物。这是我整顿自己的时间，是等待我的灵魂的时间。步履太匆匆，我的灵魂还没能跟上身体的步伐。有些益处是无法用一般的价值体系来衡量的。对我来说，每天读一首诗，就是如此。

如何运用“迈出一小步”计划提升写作能力

好的文字离不开时间的累积。一个人的思想越成熟，他写出的文字就越深刻，因为丰富的阅历会使文字充满力量。纯熟的写作技巧和华丽的文采带给人快乐的阅读体验是次要的，不过很多人为了提高写作能力，会过度依赖技巧和文采，反而忽视了内涵。

一篇好文章最需要的材料就是思想，这是只有作者本人才能提供的故事。因为这个故事是作者的个人阅历，所以显得尤为特殊。阅历并非一朝一夕间积累的，它一定是经过反复思考、复盘后，才能一点点生根发芽、枝繁叶茂。

从某种意义上来说，践行“三行日记”就是为了提升写作能力。今天的我，与一周前的我，与一年前的我一样吗？有哪些地方还是老样子？有哪些地方发生了改变呢？假如现在的我发生了一些变化，不外乎两种情况，要么是我成长了，要么是我退步了。这就是一个变得更像自己的过程。这种蜕变，光靠一夜的冥思苦想是不可能做到的。

好的文章是思想的产物，是经历的实体化。思想在提问的过程中得到深化，只有不断向自己提问的人才能获得成长。想要变得更幸福的渴望，想要解决问题而付出的努力，对心仪之人的揣度……积累渴望、努力和探究的过程，可以得到属于自己的答案。而这份答案，就是写作的源泉。

不管多好的书，如果不能将其消化，转变成自己的东西，那也是毫无意义的；不管多么有价值的经历，如果不能从中有所学、有所得，那也是虚无的。心有所向、行有所指的人，以及有个性、善于提问的人，能在自己的思想与经历中创作出属于自己的故事。即便写作者有了某个极具创意性的想法，也不是灵光一现就产生的，那是思想与经历相互融合后的产物。总而言之，好的文章就是将自己的思想、经历、兴趣等进行转化和输出，凝练为文字的过程。很多文笔优秀的文章对那些没有自己文感、没有自己思想和经历的人而言鲜有助益，再好的资源对他们而言也是无用之物。

如果你也想写一手好文章，那就从每天写“三行日记”、摘抄喜欢的作家作品、订阅喜欢的播客、做相关新闻报道或期刊的简报开始吧。当然，定期去听网上的一些课程、看一些纪录片，或是去参加一些能与自己产生共鸣的线下活动也是不错的选择。

只要像前文提到的那样，不断整理自己的思想，积累过往的经历，总有一天，你会产生将其都倾吐出来的冲动。哪怕初始文笔还有些生硬，但因其中饱含了真情实感，也是能吸引他人的。如果读你文字的人，恰巧也与你有着相同的思虑，那读者与作者之间就会产生共鸣。只要将自己找到的答案分享出来，必然会引来关注。这便是我眼中的好文章。“迈出一小步”计划可以为写好文章提供帮助，是一个很棒的方法。

纪录片——自我探索的视觉盛宴

砂田知昭在 67 岁时，从他工作了 40 多年的化工企业退休了。工作了大半辈子的砂田知昭十分期待退休后与朋友一起旅行，和家人一起度过美好的晚年时光。不幸的是，这份期待没能如愿到来，因为他被诊断出晚期胃癌。面对连手术都无法进行的糟糕情况，砂田知昭有什么反应呢？在这个令人悲哀又无可奈何的情况下，他做出了一个与众不同的选择——写一部《临终笔记》。砂田知昭的三女儿还将父亲生前最后的7个月拍摄成了纪录片《临终笔记》。

下面是砂田知昭在生命即将走向终点时撰写的《临终笔记》的内容大纲。

1. 平生从未相信过神，现在相信神一次。
2. 给孙女们当长工。
3. 给从未投过票的在野党投票。
4. 制订参加葬礼的邀请函名单。
5. 和一直因工作而忽视的家人们一起去旅行。
6. 提前去查看葬礼现场。
7. 和孙女们尽情地玩一次。
8. 跟最像我的儿子做交接。
9. 向神表达谢意。
10. 虽然有点儿难为情，但还是要对老婆说“我爱你”。

迄今为止我已经看过数百部纪录片了。我从中挑选出一些自认为有收藏价值的100多部纪录片，单独保存在移动硬盘中。倘若只能让我介绍其中一部纪录片的话，我会毫不犹豫地选择这部《临终笔记》。

《临终笔记》虽然记录了主人公晚年走向死亡的全过程，但全片的基调却并不忧伤。砂田先生始终平静地直面死亡，有时甚至还很愉快地享受生活。砂田先生没有像其他人一样萎靡不振，而是用记录生活的方式为自己打造了一个完美的结局。影片的结尾，砂田先生完美地完成了每一项记录在《临终笔记》里的内容。

如果这是一部电影，那这个题材已经足够让人感动了，更何况这是一部真实的纪录片，它带给我的心灵冲击更甚。自从这部纪录片播出后，很多日本人也都开始效仿砂田先生，开始做临终笔记了。这种为死亡做准备，记录自己临终生活的活动，在日本被称为“终活[1]”。这是因一个人的勇气，而创造出来的一种全新的社会文化。

会提问的纪录片

为什么要看纪录片？理由简直多到数不过来。不过

1　终活，指中老年人为临终做准备而参加的各项活动。2013年10月，日本各地开始流行“终活”，他们参观火葬场，向专业人士学习如何写遗嘱、拍遗照，正面地应对死亡，为临终做准备。

如果只让我给出一个理由的话，那我会说——因为纪录片会提出问题。曾经有人问砂田知昭先生："你认为如何走完生命的最后这段时光才是最好的？"砂田先生用自己的行动回答了这个问题。没有丝毫的绝望与愤怒，他以纪录片的形式，将自己的答案展示给了世人。

砂田先生在公司工作的40多年里也是一位勤勤恳恳、竭尽全力做好每件事情的人。他倾注了全部热情给他工作的公司，却没有将同样的热情给予陪伴他的家人。说起来，包括我自己在内的大部分韩国公司员工不也是这样的吗？不过砂田先生在他生命即将走到尽头的最后7个月里，认真地补交了之前拖欠的"作业"。他写的《临终笔记》就是用自己的答案回答了生活提出的问题。

说到这里，你又是怎样看待"迈出一小步"计划的呢？深思一下，你就会发现，"迈出一小步"计划与《临终笔记》只是在时间与形式上有区别，本质及思路可以说是完全相同的，难道不是吗？一生中什么最重要？我们该如何度过自己的人生？"迈出一小步"计划就是以"什么样的生活使我最幸福"这个问题为出发点的，答案就是每天被记录的"迈出一小步"项目，就在那些每天可以被完成的清单里。

最近，我重新翻看了之前整理的纪录片清单。大部分都是与我关心的事物相吻合的，基本上都围绕着"我是谁”“我是什么类型的人”“我为什么会因为特定的问题而经历困难”等主题。

展示自我的纪录片清单

如果有人分析我喜欢的纪录片清单，大概就能知道我是什么样的人。纪录片里有我所关心的问题，我也从中找到了可借鉴的答案，然后再融入我的个人理解重新加工整合，最后变成属于我自己的答案。纪录片还给了我很多启发，让我在心灵上产生了共鸣、情感上得到宽慰，也让我理出了解决问题的头绪，看到了未来的希望。

每当遇到我所关注的题材的纪录片，我都会将其单独保存下来。近六年来，我看了 2000 多部纪录片，其中有 132 部的资源是一些博主提供的。把这些资源保存下来以后，我偶尔会私信提供资源的博主，希望可以约他见面。因为我的直觉告诉我，我与这位博主有着相似的困惑和对待问题的态度。

纪录片不仅满足了我单纯的好奇心和趣味感，还帮我发现了自己的问题。要发现这些问题其实并不容易，所以我每周都找一两部感兴趣的纪录片来看就显得很有意义了。因为在观看中不仅能发现一些自己的问题，同时也能找到应对这个问题的答案。这正是我到现在一直坚持看纪录片的原因。对我而言，看纪录片是一个很重要的“迈出一小步”项目。

享受摘抄，感受文字的魔法与智慧

尽管我坚持写作已经有十多年了，但是我依旧觉得写作特别难。坐在电脑前，将手放在键盘上，本身就已经不是一件容易的事情了，还要在显示屏上打出一篇文章就更难了，假如写作过程中思路受阻、卡壳，那更要一声叹息了。就写作这件事而言，这十多年来我一直没能有所突破。按理说，不管做什么事情，坚持十多年了总该熟能生巧，变得容易一些才是。然而事实却是每次提笔，都是一个全新的开始。甚至可以说到现在为止，我都还是一个写作新手而已。虽说我也听到一些大作家说他们也觉得写作很难，但他们的话并没有安慰到我。他们如果没有著作问世，怎么可能被世人称为大作家呢？所以我只能自己摸索着找到适合自己的写作方法——摘抄。

摘抄并不是我心血来潮下的首次尝试，之前也在几本书上读到过摘抄的益处，当时一时兴起，摘抄过一段时间，只可惜是三天打鱼两天晒网，到最后彻底放弃了。

所以重新开始摘抄时，我吸取了以往的经验，换了一种方法。我选择每天把一些短小的专栏内容“搬”到我的电脑里。也就是在那个时候，我接触到韩国《中央日报》专栏评论员权锡天的文章。作为社会部记者出身的权锡天曾经在新闻第一线工作过，他的工作经历使得他的评论很全面，不偏激，他以温和的笔触向大众阐述观点。正是他的这种文风深深地吸引了我，所以我选择摘抄他的文章。

那之后的一年里，我摘抄了权锡天 200 多篇评论文章，涉猎题材十分广泛。不过权锡天调整工作后，他就不再写评论了，于是我开始摘抄《主持人简报》以及法官文裕晳的文章。此外，我的摘抄对象还有李东振（韩国影评人）、申亨哲（韩国文学评论家）等的专栏。

为了沉浸其中的摘抄

我觉得摘抄与从地下抽水有异曲同工之妙。清晨，摘抄完文章后，我感觉好像每块僵硬的肌肉都得到了放松，每个毛孔都张开了一样。好的文章不仅读起来朗朗上口，还能将读者代入到文章中去。有些我未曾发现的问题，通过摘抄的方式显现了出来，这也会让我跟着一起欢喜、一起忧愁。

还是拿权锡天来说吧。他的写作视角非常多元，时而从当事人的视角入手，时而又从第一人称来阐述，时而一问一答，你来我往。他的行文风格也是千变万化，有时言辞犀利，有时又如低声的告白。灵活多变的写作手法使得他的文章更加鲜活、生动，更易吸引读者。即使文章的内容都是关于社会性话题的，他仍然可以引经据典，将不同领域杰出人物的观点与时事相结合，单单一篇文章就可以让人感受到他惊人的阅读量和知识储备。

写作如同烹饪一道佳肴，不仅需要经验丰富、厨艺精湛的厨师，也离不开新鲜的食材。好的文章读多了，自然就会凝练出自己独到的审美。即使我们自己的审美不足以转化成写作技巧，那又能怎样呢？并不是每个人都要成为大厨，不是吗？有些人也许只具备欣赏美食的能力，一样可以获得属于自己的乐趣。

我的摘抄方法

接下来，我简单地介绍一下我的摘抄方法。首先是要精读选中的文章。我建议选择文章时，要选那种阅读时长不会超过 5 分钟的文章。较长的文章，如占整个版面的社评，可以放到周末再读。从摘抄的角度来说，我认为专栏文章更合适。因为这些评论家的文字不仅简短扼要，而且观点鲜明。使用电脑或者手机 APP，用不了10 分钟就可以完成摘抄。偶尔，我也会用电子笔来写摘抄，不过这样做就要耗费较多的时间，甚至有时我还出现过因为书写速度无法跟上大脑运转速度而发脾气的情况，看来用电子笔做摘抄并不是一个适合我的方法。

摘抄不是将精力集中在抄写、“搬运”本身上，而是要将注意力集中在所摘抄内容的内核上。要与作者保持相同的精神频道，才能跟得上作者的思维、逻辑。因为注意力的焦点是文章内容的内核，所以今后再次遇到相似题材的文章时，必然会对其中的观点产生兴趣，接下来就会自然而然地找寻对该问题持有其他观点的文章了。毕竟做摘抄的时候，会冒出“有没有人跟他的想法不一样？”的疑问是很正常的。然而我们都知道，想要找到对同一问题持不同观点且兼顾文采的文章并不是容易的事情。不过也不必灰心，因为这是有办法的。比如，所关注的专栏作家推荐的书或其分享的网页就是一个很不错的渠道。

作家柳时敏说自己没有拜过师，其实他想要表达的是——要学习的大师太多了，每位大师都有一套自己的生活方式和见解，不需要原封不动地照搬、照抄。坚持自己的想法和标准才是最重要的。

摘抄得多了，自然就产生了一种文学感知，一看到专栏上的导语就能知道这是出自哪位作家之手。随即我明白了一件事，这些作家也是通过每天在专栏上写作，日积月累，逐渐形成了自己的写作风格。所谓“好文章”，就是作家独特的思想和洞察力的产物。因此，想要写出一篇好文章，需要练习的并不是堆砌华丽辞藻的技巧和多变的文体，而是要锻炼自己的思考能力，多进行总结。毕竟人的思考能力是可以在每天的小小实践和反复练习中得到强化的。

小贴士

关于“迈出一小步”的即问即答

我的手机震动了一晚上，Brunch story 上的读者数量每分钟都在增加。令我意外的是，我的文章居然在一夜之间被分享了 400 多次，阅读量高达 3000 多人次。这是我在 Brunch story 上发表文章《极小却源源不断的能量，迈出一小步》之后获得的成绩。

不久前，我也有过类似的经历。当我上传完名为《睡前 5 分钟时间写下“三行日记”，回顾今天，期待明天》的文章后，我的博文被转发了 1300 多次，阅读量居然有 13000 多人次。在被震撼的同时，我也在思考一个问题：为什么这个主题会吸引这么多人?

一次在课上，有人向我提出了以下关于“迈出一小步”的问题，我正好借此机会解答一下。

问：“迈出一小步”不就是养成良好习惯的一种方法吗?

这么说没错，但不准确。从形式上来讲，“迈出一小步”的确与养成良好习惯没有特别大的差异。不同的是，“迈出一小步”绝不只是培养良好的习惯，其最大目标是弄清楚“我是谁”。换句话说，“迈出一小步”更倾向于发现自我。得益于之前在品牌杂志社上班的经历，我曾有机会直接或间接地接触到许多创业家和公司高管。从他们的经历中，我发现了一个共同点——他们并不执着于与他人展开竞争，而是追求与众不同。我也特别想了解，要怎样做才能跟别人不一样，在寻找答案的过程中，我发现“迈出一小步”可以帮我实现这个目标。

那些在工作中获得成就感和幸福感的人，他们追求的不是一次偶然的巨大成功，而是一种源源不断的能量，这种能量往往来自认真工作的过程中。他们深知，比起速度，方向更重要；比起短暂的成就，长久的成功才更有价值。

“迈出一小步”正是能从这些方面给人以宽慰。它使人相信，即使是最小的事，只要经过反复实践，也能结出有意义的果实。它让平凡变得不凡，让我们真诚对待每一件小事。我确信，通过“迈出一小步”，我也成了他们中的一员，与他们一同走在这条路上，体验着点滴小事带来的巨大变化。这便是实践“迈出一小步”的力量。

问：“迈出一小步”不就是一个常见的自我开发计划吗？

对，也不对。我曾经在一年的时间里阅读了上百本有关自我开发计划的书籍，可以说，我比大部分人更懂得自我开发计划字里行间所包含的期望。虽然很多常见的自我开发计划与“迈出一小步”相差无几，但二者之间还是存在很大的不同之处。自我开发计划无法让人在一年内看到变化，而“迈出一小步”却可以做到。自从进行了“迈出一小步”计划以后，我对自己多了一分了解，也多了一分信赖。我不再盲目追随他人的脚步，而是更加珍视每一个日常、每一个瞬间。

每天写“三行日记”、散步、摘抄……做这些不会带来立竿见影的变化。可我仍能很自信地说：“我从喜欢的事情中获得了源源不断的能量。”这也是我碰到不喜欢的事情也能坚持下去的原因。我想再次强调，“迈出一小步”的出发点不是自我开发，而是发现自我。至于获得成就、成果或是成功，那都是之后的事情，是下一阶段才需要考虑的事。与一年前相比，现在的我更了解自己了，也更明白自己了。得益于此，我才能向着更适合自己的生活出发。

问：该如何打破“三分钟热度”的壁垒，坚持做“迈出一小步”计划呢？

从没有哪个知名品牌是在一夜之间声名远扬的，单凭一件核心产品造就不出一个品牌，这便是无数企业都强调“持续可行性”的原因。人也是如此。当今社会，新鲜事物屡见不鲜，能让人产生“三分钟热度”的新鲜事物也不胜枚举。坚持一两个月写博客的人、学习两三个月英语的人也比比皆是，不过能长久坚持的人却不多。

坚持写了两年的书评，我的博客也渐渐有了影响力，有一天，我接到 **Naver**[1]《今天的书》栏目组的邀请，让我写一篇书评。仅仅一年，我给网上书店写书评赚取的稿费就接近 **100** 万韩元。这不是因为我有多厉害，而是因为坚持做一件事的人着实不多，所以我的成绩就显得尤为突出了。

所以，我才会做“迈出一小步”计划表。每天确认自己的坚持成果。记住了一个快捷键，打一个“√”；家庭记账本上记了一笔账，打一个“√”；主动向陌生人打了招呼，打一个“√”；听了一集播客，打一个“√”；看了一段 **TED** 演讲视频，打一个“√”……如此一来，我就获得了实现许多小成就的快感。

人都是如此，既然有完成后的喜悦，就会有填满空格的欲望。只要翻开计划表，就能清楚地看到哪里还没有做标记。没有做深蹲的日子越来越多了，和别人进行深入谈话已经是很久之前的事了，已经有两三周都没能在凌晨 **1** 点前睡觉了……各种各样的我，都如实地呈现在“迈出一

1 Naver，韩国一家门户搜索网站。

小步”计划表里。然而我并没有因此过度萎靡或是感到挫败。相反，大多时候，我更想把空格都填满。

坚持了两个月以后，我的身体逐渐形成了“肌肉记忆”。每天早上一起床，我就会自动打开喜欢的播客听一段，然后摘抄一段文章。如果没有“迈出一小步”计划表，可能就没有现在的我。这份小小的清单就能敦促人们坚持“迈出一小步”计划。

“迈出一小步”的另外一个坚持动力便是反馈。我经常会对外宣传“迈出一小步”计划。所以哪怕是为了继续宣传，我也要坚持下去。一句小小的赞美、一句轻声的勉励、一段 **SNS** 上的留言，都是对“迈出一小步”计划的反馈，它们也成为我坚持写作的动力之源。

问：“迈出一小步”是谁最先提出的？

“迈出一小步”这个叫法最初源于《一小步改变你的生活》[1]一书，不过这个理念确实由来已久，且得到了很多人的验证。我们想要成为的人，其实都有自己的“迈出一小步”计划，只是各自的执行方法大相径庭。比如，史蒂夫·乔布斯会散步，丁若镛（朝鲜李朝哲学家）会写随笔等。

“迈出一小步”计划并不局限于个人层面。创业者们经

1 《一小步改变你的生活》，原书名为 *One Small Step Can Change Your Life: The Kaizen Way*，作者罗伯特·莫勒（Robert Maurer，美国）。

常提到的“精益经营”，就是在实现一个个小目标的基础上不断扩大事业版图。“设计者思维”其实就是个人、企业与共同体运用“迈出一小步”的方法论解决问题，进行精细化管理的理念。

与方法论相比，更重要的是明确为什么要开始行动。我认为，“迈出一小步”计划就是从“为什么”出发的。我们需要思考自己的身份，确定最符合自己的特质以及推动自己前行的力量是什么？为了活出自己，自己需要做些什么？我曾经和很多人一起探讨过这些问题，想要找到答案。虽然，他们也一直在思考这些问题，并且读了很多相关书籍，但讨论的结果似乎都不是我想要的答案。最后，我终于发现，“迈出一小步”计划才是那个适合我的解决之道。

问：我想“迈出一小步”，现在需要做什么？

首先，从写“三行日记”开始。将一天中最糟糕、最精彩的事情，还有对明天的小小期望都记录下来。午休或者晚上下班后散步 20 分钟，散步的时候也可以听听喜欢的歌曲或是播客，从他人的期待和注视中解脱出来。不必纠结“我是谁”这种复杂的问题，就安心享受当下的平和。然后你就会发现，这样的时光根本不用花费多大力气就能得到。一旦从中获得能量，你就可以向更深层次探索了。这时，你完全可以跟随自己的喜好采取行动，可以一天读一首诗、整理 5 分钟桌面、看一个 TED 演讲，也可以每天听一首自己喜欢的歌曲。不过请注意，不论做什么，时间都不要超过 10 分钟。倘若某件事让你感觉到很有负担，那便马上停下来。与此同时，你还需要观察这件事能否为你提供能量，是否让你充满热情。如果是，那么它很可能与你的兴趣高度契合，接下来就看自己能不能坚持下去了。假如这件事的确适合你，那么无须刻意培养，你就能将其纳入“迈出一小步”计划表。

问：如何建立关联？

“迈出一小步”最终要将日常生活中的小事串联在一起。有点儿像挂在天上的星座，这些美丽的星座便是我们的祖先将一颗颗星星连线，编织在一起，再配上优美、感人的故事而来的。一个个“迈出一小步”就是这样一个个的“小圆点”，分布在发现自我之路上。偶然间遇到的陌生人，突然敲门的机遇或危机，将这些都记录下来，每天重复这个小习惯，就是发现自己的过程。

通过“迈出一小步”计划，我认识了许多志同道合的人。某个创业公司以“迈出一小步”为主题举行了团建活动。之后的几年内，他们又组织了三四次这样的活动。直到现在，我还会收到一些公司的邀约，请我去宣讲“迈出一小步”计划，或是给他们做企业培训。可能有些人就算遇见过这些“小圆点”也会视而不见，但也有些人会通过这些“小圆点”发现自我，从而变得与众不同。对我来说，“迈出一小步”

就是一座小发电站，为我提供一天的能量。如果今天很充实，明天更幸福，那便足够了。

所以，我今天也写了“三行日记”，也有去散步、写文章。我相信正在阅读本书的你也能马上做到这些事情。我们要的不是随波逐流或是被束缚住的人生，而是最适合自己的生活，那是用任何东西都无法衡量和比拟的真正人生。而通过“迈出一小步”计划的实践积累，我们可以打开通向真正人生的大门。

第四章

寻找最真实的自我

遇见一个陌生的自己

时至今日，我依旧对离职后的首次登台讲课记忆犹新。那是我第一次以个人名义开课，为了这堂课，我整夜辗转反侧，难以入眠。想着在开始讲课前的一小时一定要起床，哪怕有天灾发生也不能阻挡我去讲课。当然了，最终什么都没发生，我很顺利地站到讲台上开始讲课。当时台下有 40 多双眼睛直勾勾地盯着我，在这样的注视下，我不自觉地拘谨起来。课开始近一小时了，可是台下听众们的表情从头至尾几乎没有变化过。“完了，搞砸了。”我在心里对自己说，后背直冒冷汗。可我没有任何办法，只能硬着头皮继续讲下去。万幸的是，我后来逐渐放松下来。我发现听众中有几个人的表情发生了一些细微变化，他们的眼睛变得明亮了，越来越多的人开始全身心投入我讲课的内容中来。我还看到有人在笑，虽然我不知道他为什么笑。

我的第一堂课结束了。课后交换完名片，我浑浑噩噩地逃离了讲课场地。好在这节课万无一失地结束了，我的心也安定了下来。当我坐上回家的公交车时，我收到了一条来自主办方经理的短信。这位经理向来以要求严苛著称，没想到他居然会发短信称赞我。

那天晚上我什么都没吃，却一点儿都不觉得饿。我很好奇为什么会这样，为什么这次授课带给我的满足感如此不同呢？终于在临睡前，我找到了原因。

心理测评都没能发现的另一个我

在那天，我遇见了一个陌生的我，一个能说服别人，能让听众感动的我。我居然发现了在我身体里的另一个我，一个我从来都没有发现的我。

主办方反馈说学员们对我的授课很满意，给我的评价比一些资深的培训老师都要高。给我发短信的那位经理说，我的声音比讲课的内容更吸引人。说我的声音洪亮，充满感染力。虽然也有人说我打电话时的声音很好听（所以，也有人开玩笑说见到真人后会很失望），但在此之前，我从未想过原来声音也是我的一个优点。

说起来最让我感到惊讶的是，我竟然很享受讲课的过程。我原以为自己是一个内向的人，站在陌生人面前会感到局促不安。但就是这样的我，居然在专心听课的听众身上感受到一种陌生的喜悦。这份喜悦完全掩盖了讲课本身给我带来的恐慌，甚至令我非常兴奋。从那节课以后，有很多讲课、演讲的机会开始找到我。

什么是“了解自己”？或许能用成绩或学历等数据化的信息来描述，但是最近很多人认为，仅凭这些数据、资历来评价一个人是不明智的。了解一个人远没有想象中那么简单。没人可以妄言说自己了解一个人。

我认为这也适用于我们个人。很多人都误以为很了解自己，然而很可能我们最不了解的人恰恰就是自己。我也接受了很多次心理检查，也听到过周围人对我的评价。从他们的评语中能够看出，我是一个小心谨慎、羞于与人交往、有些社恐、不愿在他人面前展示自我的人。在公司年会拍照时，我总是默默地站在后排最不起眼的位置上。走路的时候、点单的时候，我通常都排在别人后面。在需要发挥领导力的事情上，我绝对是那个被动的人。但就是这样的我，每当站到讲台上时，我居然能高谈阔论，能与听众精彩地互动。这样的我着实令我感到陌生，也让我发现了原来还有另外一个我，一个很享受讲课与演讲的我。没错，那个人也是我。

我把第一次讲课的情况如实地写进了“三行日记”。

从那以后，每次讲课前、讲课后，我都会把自己授课时的感受记录在“三行日记”里。日记的首行一般是上课前的不安与焦虑。上课后，这种不安与焦虑都会消失得无影无踪，取而代之的是从讲课中的交流、互动中获得的成就感、满足感和希望。

慢慢地，这样的讲课变成了我向外界展示个人的方式，也成为推动我前行的动力。同时，讲课的经历也自然成为我写作、做播客的素材。随着时间的推移，我得到越来越多人的认可，另一个全新的我就被打造出来，一个连我都不曾发觉的被隐藏起来的自己横空出世了。

了解自己的勇气

我们每个人都有一个通病，就是很容易先入为主。比如，默认在公司上班的人对自己的薪资满意，内向的人都喜欢读书和看电影……可你知道吗？大约有六成的公司老板属于内向型老板。你是不是认为站在舞台上与观众热情互动的歌手们都是外向型的？走下舞台后马上变得不善言谈的内向型明星何其多啊？这世上有太多人都是戴着面具在生活。

说到这里，我想起曾经的一段经历。那还是 20 多年前，我在大学上社会学课时的事。教社会学的教授是出了名的脾气古怪，他在课堂上读完原文后，会让大家依次发表自己的见解。刚入大学校园的学生都是很矜持的，很多人保持沉默，少数发言的也很容易偏离主线。后来很快轮到了我，我一反常态，没有保持沉默，将我的个人见解一股脑说给教授听。我记得教授的眼睛一下子就亮了，他的眼神中充满了感动，我自然也受到了表扬。自那以后，我成了社会学课堂上最具人气的学生，就像我的回答一样，老师认为我是一个值得信赖、可以委托任务的人。也许在几个人的小聚会上，“烧酒＋啤酒”是掌控氛围的主力，但在 400 多人的聚会中，沟通能力才是控场的核心。我以前从来都不知道，在众人面前发表见解原来是我擅长的事情。过去，我只当那是一个偶然的小插曲，并没有特别在意过，我甚至从没想过，这居然是我职场生涯中最具有竞争力的部分。也许是因为这些情况实在太难用数据或资历来描述了，所以，以前完全被我忽略掉了。

不是说回顾自己的过往就代表着你已经了解自己了。记录自己的每一天吧！从每天写的“三行日记”中找到是什么力量在引领自己前行；观察一下自己大概能在哪方面做出理想的成绩；用心倾听自己喜欢什么，是什么让自己感到满足。既有可能是每天早上叠的被子，也有可能是偶然画的一幅画，还有可能是无意间碰到的吉他，亦有可能是无意间听到的发生在旅途中的令人感动的事情。说不定某一瞬间的一个小火花，就能照亮一个全新的自我。

我从不认为这是赋予个别人的特权，我相信任何人都有他独特的一面。这世界上只有两种人——一种是能发现自我的人，另一种是不能发现自我的人。

时下的品位

我喜欢笔和笔记本，时间长了，我就能感知到每一支笔在写字时的细微触感，不同的笔写在不同的笔记本上，手感绝对是不一样的。我也不知道为什么钢笔在笔记本上书写时的声音那么重要，但我知道这个声音影响着我的心情，也许这就是我觉得它重要的原因吧。在对待键盘上，我也是一个挑剔的客户。我能清晰地感知到键盘传到指尖上的触感差异，这在其他人眼中也是十分另类的。连显示屏，我都不止一次退过货。没办法，网购的显示屏在没有亲眼看过之前，是无法区分出差异的。那些有明显像素缺陷的显示屏怎么能用呢？虽然我现在有选定的显示屏品牌，不过为了满足我对显示屏的要求，我确实也没少花钱。也许这种情况会一直持续下去，因为现在每当有新手机上市时，我都觉得自己是个“购物大神”。

兴趣产生的原因

个人兴趣时代由来已久，诸如独特的设计、另类的生活等都强调个性化。不过想要按照自己的兴趣方向去生活并没有想象中那么简单。点餐的时候，你要忍住不说“也给我来一份一样的”；看到一篇新闻报道，要能提出自己独特的观点。了解流行趋势和赶时髦完全是两回事。如果有人说韩国的啤酒不好喝，那一定要想想是不是真的如那人所说的一样不好喝。

尽管别人走过的路是相对安全的，但这条路也有可能是一条迷失自我的捷径。虽说去名校读书或到大公司就职都是个人的优质选择，如果这真是出于真心向往而做出的选择，自然是可以对自身提升有益处的，但如果仅仅是因为羡慕别人有那样的生活而做出的选择，那么就很容易迷失自己的方向。因为当你递出名片时的片刻热忱，远没有你妥协的时间长。因为你选择的工作并不是自己所期望的工作，你的工作并不符合你的个性，你只是在向“羡慕他人”做出妥协，仅此而已。

我之所以对笔、笔记本、键盘和显示屏那么在意，甚至有些苛刻的原因，就是因为它们都能激发我的写作灵感。虽说不会工作的工匠出现差错会埋怨工具不称手，但真正喜爱音乐的人就是听单声道录音机也能乐在其中。我这种普通人，想要做好自己喜欢的事情，肯定会更依赖外物的辅助。比如，我有写作时的专属歌单、必喝的咖啡等。为了写出一手好文章，我花费更多的精力在一些我在意的事情上，去打造有利于我写作的时间、空间和氛围。似乎也没那么特别吧？

海明威曾经说过，他总会在写出一些成绩后停笔，然后放空自己，等待第二天的到来。这样做是为了当再次拿起笔时，积攒在潜意识里的灵感能源源不断地涌现出来。村上春树跑马拉松，贝多芬每天数 60 颗咖啡豆煮咖啡，他们这么做是为了什么？这难道不就是他们自己的工作方式吗？不就是他们几经思考后才找到的生活方式吗？

随着个人兴趣时代的到来，产品的品质与服务在品牌市场效应中平分秋色。在产品功能同质化的背景下，产品的品质与服务，以及产品背后的故事就开始变得重要了。使用苹果手机的客户，大都非常喜欢乔布斯本人，他们相信苹果产品中蕴含着乔布斯的个人哲学。在这种主观判断的滤镜下，他们甚至认为即使是无法轻易被窥视的产品内部也肯定有着十分合理的设计。因此，即便市场上同质化的优秀产品接二连三地问世，或是苹果手机本身出现了一些性能上的瑕疵，都不能降低他们对苹果产品的喜爱。这恰好体现出当下正是一个个人兴趣时代。

人们总是渴求与众不同的产品，追求与众不同的经历。这也是为什么有那么多人更愿意在家里费时费力地烘焙，也不到连锁面包店去买面包的原因。现在的人们不再把上好大学和到大公司上班作为唯一的出路，他们已经在思索什么是“活得像自己”的生活方式了。工作与生活相互平衡是今后潮流的走向。不过，倘若真是这样的话，那就有一个疑问了——为了活出自己，我们到底要怎么做？

探索兴趣之路

兴趣的培养不能一蹴而就。要培养兴趣，就需要知道自己喜欢什么，会被什么吸引，会被什么感动，做什么事情能感受到幸福……而且为了明确这些，一定会经历无数次的试错和各种各样的体验。找到自己喜欢的曲风，肯定是因为你之前已经听过上百首歌曲了；找到自己喜欢的小说，一定得先读过很多本小说后才知道自己喜欢的是哪些；美食不也是在穿街过巷，尝遍很多小店后才能发现的吗？这个结论不是别人替自己下的，也不是别人说好就是好的，而是通过自己的亲身体验总结出来的。适合自己的选择从来都不会主动来敲门，为了找到自己的兴趣，免不了会花费大量的时间和费用，有时还要遭受其他人的白眼。只有经历过类似打磨过程的兴趣，才能最终打上自己的烙印。当兴趣成为我们对人、对工作、对人生的参考标准时，我们才算是开始活得像自己。说不定那些被大众熟知的伟人或楷模也是在这样的过程中发现了适合自己的生活。

任何人都有权利按照自己的方式生活。我正一边追寻这种生活，一边寻找人生之路上各类问题的答案。对那些馈赠我人生礼物的人来说，这不就是最基本的礼仪吗？我相信这种生活本身就是生活的意义和幸福的开始。

独处的魅力

胡同里的路既狭窄又曲折，空气中到处都弥漫着老小区那种特有的缓慢的氛围，周围连一个疾行的人，一辆疾驰的车都没有，就是偶然间遇到的居民也都是上了年岁的老人。也许是受周围氛围的影响，我不自觉地放缓了脚步，慢悠悠地穿过弄堂，来到一家日本咖喱店。这家店开在一所老房子里，房子周围的风景很漂亮，不禁让人回想起幼时替爸爸买米酒的铺子，以及我儿时常去的那家漫画屋。这家店让人感觉不是一家饭店，更像是一个与邻居坐在一起闲聊家长里短、小酌一杯的地方。不知道是因为咖喱太美味，还是因为周遭勾起了我很多美好的回忆，总之，我在这里享用了很美味的一餐。

从咖喱店出来后，我直奔一家专卖插画小说和绘本的书店——匹诺曹书店。其实我很怀疑这家店的老板到底是不是真的热衷于做生意。看到我进来，老板收回了注视着远方山峰的视线，合上了手中的书，我看到书的名字是《山羊的味道》。这本书讲述了作者往返于泳池的日常，我起初并不太明白作者为什么会给书命名为《山羊的味道》，后来花了很长时间才明白，原来"山羊的味道"说的就是泳池水的味道。我在书店里读了一本讲述养猪场被埋的又悲伤又奇怪的书，还读了一本带有各种奇异图片的绘本，最后我给家里的老二买了一本绘本，又到咖啡店喝了一杯咖啡才走上回家的路。那应该是我喝过的最好喝的咖啡了，透过咖啡店的后门玻璃可以清晰地看到市场里人头攒动，能感受到这个旧市场的烟火气。当我从胡同里走出来的时候，天色已渐渐暗了。

在缓慢的时间里散步

为什么我会在大白天跑到延南洞去呢？现在我的脑海中还有那天我走过的每一条小巷、每一个胡同。我去了很多地方，吃了好吃的东西，读了想看的书，欣赏了周围的风景，也聆听了心底的声音。那种感觉不是寂寞，也不是无聊，而是一种与以往完全不同的慢节奏下的静谧感，是沉浸其中的另类感受。

每当我散步、写作时，以及听到我内心深处的声音时，我就会调整步伐的幅度和行进方向，去体会活得像自己的感觉。延南洞是个好地方，只要一踏进延南洞，我的内心马上就能平静下来。至少在首尔，延南洞是一个可以让我的灵魂得到喘息的地方。

现在“充满电”了吗？

正如世上没有完全相同的两片叶子一样，每一个人也是截然不同的。有人喜欢在极限运动中体验刺激，有人喜欢在演唱会现场畅享欢闹，有人喜欢在演奏乐器中陶醉忘我……每个人都是如此的不同，所以每个人恢复气力的方式自然也是千差万别的。想要确认自己是用什么方式“充电”其实是一件很简单的事，只要看哪种方法可以让自己感受到一种难以言喻的充实感，就知道答案了。不管再怎么有趣、再怎么开心、再怎么兴奋，但凡身心都感到疲惫，那都说明自己很可能蹉跎在“活得不像自己”的生活之中。

我很清楚，不论身体如何疲累，如何僵硬，一定有一段时间、一个地点、一段经历是能让我的内心重新丰盈起来，充满热情的。那便是我走路、思考和写作的时间。延南洞弯弯曲曲的小巷里，到处充满了零零散散的回忆，我在这里可以找到独属于我的个人空间。除此之外，还有几个地方也与延南洞差不多，我把它们都在谷歌地图上做了标记，备注名是“最像我的场所”，有时间我就会去那里走一走。比如，宣陵、教保文库江南店、盆塘的炭川等，这些都是能让我得到休憩的地方。不知道各位是不是也有让自己内心充盈的时间和场所，如果我们在这方面是相通的话，我希望能与你一起到延南洞的小巷里走一走，聊一聊。

无论是谁，都有闪耀的人生

我家每年都会有一位客人到我家做客四次。一开始这就像是一个任务，时间久了，就变成了一件平常的事情。第一次见到这位客人是在教会组织的“家庭体验”活动上。这个活动意在邀请孤儿到一些家庭中生活一个星期，让他们体验家庭的感觉。

刚认识他时，他还是个小学生，现在马上要上高中了。今年，他拖了一个大箱子在我家住了一个月。临走的那天，我们带他去商场买鞋子。他一边挑鞋一边对我妻子说：“阿姨，等我长大赚钱了，要给你买‘古驰’当礼物。”他的话让我想起了关于我妻子的几件事。如果一定要描述一下的话，这些事都是很耀眼的。

我妻子是一个在帮助别人时，脸上会有光的人。她本是一个很容易感到劳累的人，但在帮助别人时，完全像变了个人一样。看来对她来说，帮助他人获得的价值与其他方式获得的价值是不同的。看她帮助别人时的样子，跟我专注在自己喜欢的事情中时很像。不是因为义务或责任的驱使，而是单纯地享受这个过程。帮助他人时，被帮助的人能看到这份助人的心。以前和我们相处起来还有些陌生拘谨的孩子，现在是发自内心地把我妻子当作自己妈妈一样看待。他们相处的场面令我既感到神奇，又有一丝疑惑。是什么赋予了我妻子这份助人为乐的心和力量呢？妻子告诉我说就是喜欢，只是随心而为。

牵动每个人行动的力量是不一样的，可能对一些人来说的苦差事，在一些人眼中却是能让自己能量满满的好事情。比如，当我同时跟几个人见面时，我很容易感到疲倦，然而有些人则跟我相反，他们能从与别人的会面和交谈中获得力量。再如，在蹦极爱好者看来，蹦极是刺激又令人兴奋的，但对我来说却十分恐怖。找到能给自己提供能量、引领内心前行的事情是十分重要的。尽管这些事由于个体的差异而千差万别，但一定要找到。

帮助别人是我妻子与这些被社会冷落、疏远的人进行交流的一种方式。试问，要照顾一个素不相识的孩子10年，如果单单是希望被关注或是出于责任感的话，那她很难坚持10年之久。倘若只是因为对孩子产生了同情心，那孩子也会很快感知得到妻子关怀的出发点，会因为自卑而选择回避，避免与我们接触，更别说在我家住上一个月了。

我的思考并没有到此终止。妻子领养了两只被遗弃的小猫，家里的沙发和椅子都被它们拆得七零八落，无一幸免。光是跟在它们后面打扫“战场”就是一件耗时耗力的大工程。我是一个喜欢待在干净、整洁环境里的人，被撕碎的墙纸和猫排泄物的味道都让我不舒服。然而我很清楚，关爱这些流浪猫对妻子来说是一种安慰，所以即使我不满也只能忍着。这也许正是因为我很清楚是什么给我提供了能量，所以我也能尊重妻子的生活。活出自己，在某种程度上也是帮助他人获得属于他自己的生活。

我今天给猫清理了猫砂，并且补充了新的猫砂，还把它们在沙发上抓坏的地方粘上了胶带。万幸的是，我现在做这些事也变得越来越得心应手了。

如何在这个时代中生存

今天见了一位10年未见的朋友。他曾在一家中坚企业[1]工作，作为公司派驻到中国分公司的法人代表在中国工作了6年。由于突然检查出患了癌症，他紧急回国接受治疗。值得庆幸的是，他的手术非常成功。术后他再次回归职场，到一家公司担任董事，重新开始了繁忙的人生。朋友言谈中流露着劫后余生的感慨。

我与这位朋友还有两个共同的朋友，一个是警察，一个是心理咨询师。我们四人在一次年末联谊会上不禁发出了共同的感慨——这些年我们到底都在忙些什么？居然能有10年没见面。我们都是幼时的玩伴，所以并没有因为长久未见而感到有任何疏离。我婚后办过一次乔迁

1　中坚企业，在韩国指企业资产总额超过5000亿韩元、三年平均营业收入达到1500亿韩元及以上，但不属于内部交叉投资限制范围内的公司。

宴，那时大家还能经常聚在一起，我们的孩子们也都年龄相仿。

在那次联谊会上，我们很自然地聊起了大家共同关心的一个问题——等到七八十岁的时候，我们该靠什么生活？记得我那位警察朋友说：“如果升职失败或放弃升职的话，就等于要像植物人一样浑浑噩噩地过完下半生。”我的确有很多前辈是像他说的这样的，在升职的期许中浑浑噩噩地走完后半生。后来，我们还谈到那时发生在猎头界的一桩可怕的事，共同谴责了这样为了竞争而无视商业道德的行为。那位身为公司董事的朋友说要为自己今后做一些准备了。听了他的话我不禁想，他都已经忙到患癌了，到底他还要准备什么呢？这个疑问一旦冒出头，就好像疯长的野草一般不断扩散。让我不禁扪心自问，我们到底要活得多努力才可以啊？

每个人都有属于自己的幸福

我有不少朋友离开了韩国，移民到澳大利亚、加拿大、新西兰等国，其中有一个朋友曾在大公司做销售，之前我们经常在晚上一起喝酒，现在他正在加拿大学习厨艺；之前在韩国经营一家教会的前辈移民到澳大利亚后开始进修神学；还有一个在大公司做程序员的熟人很早就举家移民到国外了，我经常在网上看他的动态。虽然我不知道他们到底活得有多成功，但至少他们看起来很幸福。

SNS上有很多讲述其他地方“不同的生活”的文章，这类文章往往能获得很多关注。电视上也有类似的节目，比如，最近很火的是介绍北欧国家“幸福密码”的纪录片。某位作家写小说专门讲“讨厌韩国的理由”，一时间竟然迅速传播开来。看来并不是所有人都追求所谓“成功的生活”，追求“不同的生活”的人大有人在。

直到活到了40岁，我才明白一直用20岁的生活方式继续生活下去是一件多么辛苦的事。在那次联谊会上，我们四人都一致认为——如果说现在的生活是我们凭借“努力生活”本身换来的话，那么未来40年一定要过另外一种生活。我们都觉得单凭“擅长”是不够的，一定要在某个领域里做到“不可替代”。对此，我们四人都没有异议。问题是，那会是什么样的生活？我们要做什么？我们要告诉孩子们该过什么样的生活吗？遗憾的是这些问题我们没能在这场10年来首次相聚的联谊会上找到答案。

和友人们分手后，我一个人踱步在回家的小路上，带着几个没能问出口的问题走回了家。我想说的就是下面这些。

对生活方式的思考

世上有很多种生活方式，只是我们不知道而已。往往这些生活方式是无法通过提高高考成绩、增加工作阅历等方法实现的。我们要思考的不是怎么过得和别人一样，而是要怎么活出自己，哪怕现在才开始思考这个问题也不晚。这个问题的难度远超换工作、离职或创业，这是对生活方式的思考。我们迫切地需要知道在自己的生活中什么最重要，只有弄清楚了这个问题，才能找到答案。不是让你考虑要挣多少钱，该怎么做才能超越别人，而是要找出自己选择这种生活的理由。换句话说，就是要找出自己的“生活哲学”。不向他人吐露也无关紧要，重要的是创造一个自己喜欢、感到满足、可以负责的生活。

想要平衡工作与生活，选择放弃大企业的优厚待遇而辞职离开的年轻人不在少数。他们都在实现自我的生活哲学，知道什么对自己是最重要的。谁又能说，这不是我们所需要的，不是我们应该教给孩子们的呢?

当然了，这种另类的生活方式并不是唯一的，我们要做的选择并没有标准答案。如果要打个比喻的话，可以把它看成一道主观题。再次强调，如果想解出这道题，那就只能思考“活得像自己”的生活是什么样的。这个答案不是找出来的，而是创造出来的。

按自己的节奏生活

我简直就是一个彻头彻尾的傻子，可又能怎么办呢？谁让我有一个百万韩元的项目正在做，因此不得不拒绝这个千万韩元的项目呢？我没有信心同时做这两个项目，在做千万韩元项目的时候，我根本无法感受到做百万韩元项目所获得的满足感。如果想要从两个项目中都获得满足感，那我只能一直熬夜了。当然，要是让我回到二十多岁，这也不是什么不可完成的事。只是在熬夜工作的某个瞬间，心底有一个声音在问我——“五年后还能继续过这种生活吗？”一想到五年后还要辛苦地熬夜加班，我就摇头，因为我想到为了获得这份稳定的收入，我要放弃很多东西。向我介绍千万韩元项目的负责人说，这个项目需要马上开始，如有必要还需要同吃同住才行。如果真的要这样做的话，那现在正在进行的工作就不得不停下来了。这分明辜负了先联系我的项目负责人对我的信任，这份信任是无法以金额大小来衡量的。经过几天的思考，虽然当我正式拒绝对方的项目时也用了很大的决心，但我觉得不管是现在还是将来，我都会做出同样的决定。

与众不同，只成为自己

每个人都有自己的生活节奏。我知道有很多人追求在短期内取得意想不到的结果，并享受其带来的成就感。一般来说，这些人设定的目标远高于普通人。当然了，一旦他们获得成功，自然可以获得强烈的满足感。不可否认的是，他们为此也会付出更大的牺牲。我无法随意评判这样的生活，可是这和认可他们的生活方式，或者想过和他们一样的生活完全是两回事。我并不想像他们一样生活。尽管我追求的生活并不能带来惊人的成就，也不能带来巨额的财富。可对我来说这些都没关系，我只想按照我自己的节奏生活。有得必有失，这就是生活不变的原则。人不可能将一切收入囊中，也不可能受到所有人的赞誉。无论怎样，所做出的选择都必须是完全“活得像自己”的才行。

我想要过慢节奏的生活。每天早上起来喝一杯咖啡，能有一个内省的时间。我不想活成工作的奴隶，而是想要做工作的主人。选择工作的标准不是因为金钱考量，而是因为做这件事能有助于我的内省。如果我做的这件事既能帮助别人，也能让我安心地享受生活，那应是多棒的事啊。虽然从形式上我是乙方，但我想过甲方的生活。我由衷地想要创造只有我自己能做到，享有主导权，并且能掌控进度的工作方式。不过，谁不想呢？

当然了，“活得像自己”的生活并不意味着要懒惰地生活。我认为一个人如果想要拥有更长的工作时间，那就必须掌握自己的生活节奏。我见过太多的人为了急速达到某个目标而透支自己的健康，这种愚蠢的选择到头来得不偿失。

把握生活节奏的方法

把握生活节奏的方法有很多，我的方法便是“迈出一小步”计划表，它可以看作是今日必做事项的记录表。如果表中有很多空格没有做记录，那就说明我今天的节奏过快了。一天之中，如果连几个 10 分钟都空不出来的话，那这种生活状态是不健康的，说明我正在降低我的生活质量。当然了，有时为了满足客户的需求，我尽最大努力去工作时，免不了会暂时放弃“迈出一小步”计划，但是短暂忙碌后还是要恢复生活本来的节奏。

这有点儿像驾车驶入隧道时，人无法感受到周围的风景，容易失去对速度的把控，很容易发生车祸一样。为了把握我的生活节奏，我每天都在践行“迈出一小步”计划。早上起床写日记、背英语单词、听音乐、做摘抄……这些小项目有助于恢复正常的生活节奏。

小贴士

12 个最佳 TED 演讲

一段 18 分钟的演讲能让听众得到什么呢？ TED 演讲给了我答案。从这些演讲中，你几乎能学习到世界上所有的知识。我原以为理所当然的事情，从全新的视角再去看、去理解时，就有了不同的意义。这无关肤色，无关国籍，无关信仰，那些目的明确、挑战不可能的人有着超然的精神感召力。TED 演讲集合了这些人的洞察结果，是一个展示知识和智慧的平台。所以每当生活开始变得散漫的时候，我就会看一看这些演讲给自己充电。

1. 肖恩 · 阿克尔（Shawn Achor）——《改善工作的快乐之道》（*The happy secret to better work*）

肖恩 · 阿克尔是心理学家、演讲家。他说幸福和成功是受世界观左右的，所以他提议每天花 2 分钟，写下三行感谢语，并且坚持 21 天，即使那天只有一件积极的事情。这是我看过的所有 TED 演讲中让我觉得最畅快的一个。

2. 马特 · 卡茨（Matt Cutts）——《用 30 天去尝试新事物》（*Try something new for 30 days*）

这段演讲被翻译成了多国语言。演讲强调不能放任任何一天，不管做什么事情，都要坚持尝试 30 天。主张通过挑战和执行找到自信心，展示自己实践的结果。演讲者阐述了一个观点——付诸行动本身就是答案。

3. 凯利·麦格尼格尔（Kelly McGonigal）——《如何跟压力做朋友》（*How to make stress your friend*）

这段演讲从一个全新的角度看待压力，认为压力本身并不是坏事，承压人的态度决定了压力会带来的不同结果。

4. 伊莎贝尔·阿言德（Isabel Allende）——《如何对生活充满热情？与你的年龄无关！》（*How to live passionately? no matter your age*）

上了年纪是可怕又无奈的事，然而这段演讲却向世人展示了无论是谁都可以优雅、帅气地老去的事实。如果你想要过与年龄无关，充满热情的生活，那这篇演讲很适合你。

5. 安吉拉·杜克沃斯（Angela Duckworth）——《激情与毅力的力量》（*Grit: The power of passion and perseverance*）

“毅力”（Grit）这个词因为这段演讲而成为人们口中的网络热词。美国心理学专家安吉拉·杜克沃斯对毅力进行了重新定义，分别取自“成长”（Growth）、“复原力”（Resilience）、“内在动机”（Intrinsic Motivation）、“韧性”（Tenacity）的首字母。不畏惧失败与挫折，默默地战胜困难的力量就是毅力。这段演讲就是告诉人们如何获得这种内在力量。

6. 布琳 · 布朗（Brené Brown）——《脆弱的力量》（*The power of vulnerability*）

这也是众多 TED 演讲之中，特别受到大众关注的一段演讲。演讲者认为，当“脆弱”出现的时候，不要将其掩藏、遮盖，能如实地将其剖开的时候，才能向更美好的生活迈进。

7. 罗伯特 · 瓦尔丁格（Robert Waldinger）——《怎样才能更幸福？》（*What makes a good life? Lessons from the longest study on happiness*）

这是一段有关幸福创造美好生活的演讲。75 年里，罗伯特医生所在的研究项目小组跟踪了 724 个人的一生，但这项巨大的研究发现和得出的结论竟让人产生了空虚感，因为他们发现良好的关系和健康与幸福的感觉息息相关。

8. 莎拉 · 路易丝（Sarah Lewis）——《坦然接受“差一点成功”》（*Embrace the near win*）

不要过度执着于完美本身，要享受走向完美的过程——这是这段演讲向世人传递的信息。演讲者认为，当人没有成功却明白了不完美所赋予的价值时，反而能得到更好的结果。这是身穿粉红色套裙的美丽黑人女性在 TED 的首秀。

9. 苏珊 · 凯恩（Susan Cain）——《内向性格的力量》（*The power of introverts*）

苏珊·凯恩是畅销书《安静》的作者。这段演讲是我看过的所有 TED 演讲中最安静、腼腆的一段了。令人意外的是，这段演讲的播放量居然达到了 1800 万次。这段演讲因向世人展示了内向性格的人到底具有怎样惊人的影响力而备受关注。

10. 蒂姆 · 厄本（Tim Urban）——《拖延症患者的内心世界》（*Inside the mind of a master procrastinator*）

这是一段针对拖延症患者的演讲。当人们明白了为什么会拖延的时候，就会获得自主改变的力量，并发现自我。这段演讲十分风趣、幽默，让人觉得快意十足。

11. 栗山 · 塞萨尔（Cesar Kuriyama）——《每天一秒钟》（*One second every day*）

这位导演每天都将自己最想记录下来的一秒钟拍成视频。在拍摄视频的过程中，他明白了生活中最珍贵的东西是什么。

12. 塞莱斯特 · 海德里（Celeste Headlee）——《10 种更有效的交流方式》（*10 ways to have a better conversation*）

这段演讲分享了 10 种有效的对话方法：不要三心二意，专注于当前的谈话；不要好为人师；使用开放式问题；顺其自然；如果你不知道，就说不知道；不要把自己的经历跟他人比较；尽量别重复自己的话；少说废话；认真倾听；简明扼要。这是我们都知道的原则，不是吗？只是我们没做到。

第五章

“迈出一小步”，与危机相遇

从心开始，让生活重燃激情

某天晚上，我无意间发现“迈出一小步”计划表上空了很多地方没有做标记。不是因为我偷懒了，而是因为我把全部精力都放在了一个很难的项目上。看着那空空如也的计划表，我心里突然有一点儿怪异的感觉。为什么连“三行日记”都不能记录？为什么连记几个单词、读一首诗的时间都没有？因为我在忙其他的事情啊。然而我却十分清楚，其实只要我下定决心，还是可以完成其中几个项目的。似乎在过去的一两周时间里，我漏掉了什么很重要的事情。

开始做“迈出一小步”计划不是为了要做出什么丰功伟绩，我只希望它可以成为一个目标，能让我找到自己真正需要的东西。不是为了应付某些人的要求，是为了发现内心中那份推动自己的力量，能成为帮助我的一个工具，这才是我想要的“迈出一小步”计划。正因为如此，我才毫不犹豫地将无法做到的事情从“迈出一小步”计划表中移除，然后再把一些不会花太多时间就能做到的事情增加到表中去。哪怕当天有没能做到的事情，也绝不会打上“√”。这与制订好目标、激昂地执行自我开发计划是完全不同的。“迈出一小步”计划的目的与自我开发计划是相反的。

我能做到的“冷静”标准

我又重新翻看了一下空空如也的“迈出一小步”计划表，反思到底是什么原因让我一天 24 小时内都抽不出几个“10 分钟”来。哪怕多出一个标记也好，空荡荡的计划表赤裸裸地把我这个责任人展示在自己面前。现在，我正在做的工作是我可以做的吗？我是不是接了一份超出能力范围的工作，以至于忽略了那么多本该做的事？我投入了大量时间到工作中，以至于打破了日常的节奏。虽然我尽全力做到了最好，但是结果却事与愿违，反而影响了原本的生活状态。必须做决定了！到底是要像现在这样艰难地被工作牵着走，还是从现在开始，先平衡好生活与工作的关系，只做我可以掌控的事情，制定一个可以让自己冷静下来的标准呢？

停写两周新闻社论不会有什么大问题，几天不看TED 演讲也不会对生活造成很大影响，反正有些人认为做这些事都是在浪费时间。太多职业和工作需要人们去“一决胜负”，但是“迈出一小步”可不是为了迫使我们努力才出现的。它是一种方法，可以帮助我找到是什么给了我生活的力量。我从简单的“迈出一小步”计划实践中找到了生活与工作的平衡点，获得了可以继续走下去的力量。由此可见，空白的计划表在某种程度上就是一种对我的警告，提醒我目前生活的平衡已经被打破，方向已经出现了偏差。

找回生活的平衡

好不容易结束工作，已经是晚上 11 点了。我走出家门散步，走了差不多一小时才返回家，然后打开笔记本写起了“三行日记”，然后开始背英语单词，做摘抄……明明时间很晚了，可当我做完这些后不但没有任何疲劳感，头脑反而越发清晰了。这种感觉就像是完成拖延了很久的作业后的心情，很畅快，那是一种将无关紧要的东西都丢下之后的轻松感。

再次开始在计划表上做标记，感觉就像是在看心电监护仪一样。我盯着表上的标记看了好一会儿，终于下定了决心，今后不管多忙，也一定要完成当天的“迈出一小步”计划。我再次把生活的方向盘握到了手中，按照我喜欢的、我希望的方向行驶。记得那天，我是带着愉悦的心情入睡的。

待续“迈出一小步”的原动力

我的一个前同事在一家门户网站做企划，虽然看起来他的工作还算稳定，但他也在为接下来该做什么而苦恼。在他休育儿假的那段时间里，我们几乎每周都见面，一起聊聊大家关心的话题，分享彼此的趣事，我们也会相互确认对方“迈出一小步”计划的执行情况，给出改善意见。我们有一个相同的结论——我们不想为了别人的目光，为了与他人竞争而放弃自己想要的生活。跟他见面的那段时间里，我重新绷紧了松弛的弦，再次调节了“迈出一小步”计划的节奏。

在没有任何人指示，也没有任何人干涉的情况下，完全自发性的行为其实更容易被放弃。所以，找到一个志同道合的人一起相互监督不失为一种合理选择。毕竟想要找出做这些项目的理由不容易，但是不做的理由却有很多。尤其是当繁忙的事务和不受控的拜访毫无预警地找上门来时。比如，突然有一位客人到访，那第二天很可能会看到前一天白茫茫一片的计划表。

当然，也不是说非得每天都做“迈出一小步”计划，不过只要中断，生活的平衡感、节奏就会被打破，这就是十分严重的问题了。假如我说我根本没有时间每天写“三行日记”，那明摆着是无稽之谈。难道真的能忙到一天连听一首歌、读一首诗的时间都没有吗？请不要给自己的懒惰找借口，也不要让自责找上门来。

我发现脸书[1]和Brunch story上有很多人跟我有相似的困扰。从点击量看，大概有数十万人阅读过我那篇关于“迈出一小步”计划的文章。这个小实践所带来的社会影响力令我备受鼓舞，为此我不但做了相关的课程和项目，还在分享会上结识了很多新朋友。一篇好文章离不开外界的反馈，外界的反馈就是写出新文章的动力，“迈出一小步”计划也是如此。我们需要不断地将自己正在实践的经验分享给其他人从而获得反馈和支持，社交软件就是最佳的辅助工具。

天空正下着雨，此时已经过了午夜12点，我仍在散步……我就将这个小小的经历上传到了脸书和Brunch story上面。网友们的留言让我再次坚定了坚持下去的信

1 脸书，即Facebook，又叫脸谱网，一款全球性社交软件。

心，使我获得了更多的勇气。

想要让平凡的日常变得有意义和有价值，回顾和自省的时间是必需的。从某种意义上来讲，坚持、诚实是支撑“迈出一小步”计划最重要的价值。为此，需要发自内心地制订出可以控制懒惰的机制。根据我的亲身经历，想要依靠个人的力量坚持做某件事是困难的，我们需要相互鼓励和共情的加持。两个人也好，十个人也罢，假如能有一个相互勉励、互相帮助、促进对方完成“迈出一小步”计划的分享会，那“迈出一小步”计划就不会轻易中断了。

有关“短期”“速成”“秘诀”的谎言

我在翻找之前的歌单时，无意间发现了一个名叫J.Fla的歌手。她与传统歌手不同，演唱的歌曲大多是翻唱的曲目。但是她不是简单地翻唱，而是将自己的理解与感悟融入原曲中进行二次创作。她的社交账号上有600多万粉丝，而且她还与英国唱片公司签订了合约。每周持续更新翻唱歌曲，她的翻唱歌词被粉丝自发译成15国语言，仅*Shape of mind*这首歌的检索量就超过1亿次。我觉得至少在翻唱领域，她已经达到了国际水平。

非常小却源源不断的力量

类似的事例比比皆是。我们通过观察发现，他们都有一个共同的特点，就是从不走其他人的路。另外一点是，这些人没有借助专业经纪公司的包装，而是运用了新的互联网社交平台。这些互联网社交平台上的年轻人对各种新潮事物的响应速度是惊人的。我认为还有一点被隐藏在背后——有一种非常小而源源不断的力量在推着他们前行，这便是“迈出一小步”计划的力量。

吉他手郑晟河的父亲说，他会把儿子演奏的视频上传到网上是因为替儿子的才能感到可惜，没想到竟让儿子一跃成为世界级的吉他手。J.Fla 也是，翻唱原本只是她打发单调生活的一种方式，没想到居然给她开启了一扇全新的大门。来自全世界粉丝的赞美和鼓励给他们注入了很大的力量，例如，J.Fla 的大部分粉丝都来自东南亚，这些粉丝也都在坚持做自己喜欢的事，他们坚持的勇气刚好与 J.Fla 坚持自我的歌曲互相回馈、相互成就，彼此形成了一个良性的正反馈循环。

我其实也在经历这种全新的变化。之前从未想过，无意间上传的有关“迈出一小步”计划的经验分享，居然能在 Brunch story 上收获那么多温暖的留言。后来通过 Brunch story 结识了出版社工作人员，得到了一个可以出版图书的珍贵机会。再后来，我有了在很多人面前演讲、授课的机会。像我这种既没有强大背景又没有足够资历的人，能获得他人的充分信任，被给予这么多的发展机会，是很幸运的。不过我很清楚，这种机会不是靠一朝一夕就能获取的，它全依赖在过去 3 年多的时间里坚持不懈地执行“迈出一小步”计划，这些勤勤恳恳地积累下的东西果然没有辜负我。同时，我也没有忘记，以后还是要继续坚持“迈出一小步”计划。

真正的成功

总有人在强调“短期”“速成”“秘诀”等名词。我觉得这个世界上并不存在依靠速成或者秘诀就可以在短期内产生变化的事情，像愚公移山一般坚定地走自己的路才是获得成功的正途。所以，最重要的还是要找出是什么在牵引着自己的内心，什么才是“活得最像自己”的生活。如果想学吉他，就先从弹掉吉他上的灰尘开始吧，勇敢地“迈出一小步”，每天“迈出一小步”，然后日积月累地做下去。

以 4 km/h 的速度行驶在人生之路上

当我拿起一本书时，前言部分往往就让我迫不及待地想要一口气读完整本书。但是这本书很厚，有 400 多页，一看到页数这么多，我就有点儿焦躁了。“不对，不应该这样！”我内心深处的声音立刻打断了我的焦虑。我深深吸了一口气，先找出感兴趣的章节来看。我发现这一章的内容不多，只有三四页。快速读完这一章以后，我按捺住继续读下去的冲动，回过头把这一章又读了一遍。第一遍读的时候，有些拗口的姓名和隐藏着信息的细节在我的脑海中如流星划过般一闪而过，可第二遍的时候，它们开始慢慢进入我的大脑。然后，我又读了第三遍，这次我对内容的理解更加深刻了。读了三四遍以后，我把这部分内容摘抄到笔记本电脑的文档中。就这样反复阅读了 1 小时左右，我阅读的总页数也没有超过 20 页，不过，抄写在文档上的内容让我受益匪浅。坚持以这种方式阅读以后，我发现自己对主题的理解比以往更深了。

急躁带来的绝望

有一个工具叫“苹果切片机”，它可以帮助人们把苹果切成小片。想到这个名字的瞬间，我突然意识到，我对看书这件事的急切程度与这个工具有些类似。为什么我们不管做什么事情都希望能立刻看到结果呢？在读小说时，我们要跟随事件的发展脉络看看主人公的结局，所以能一口气读完当然最好。但并不是所有的书都一定要按照章节顺序阅读，也不是一定要对书中所有的内容都了然于胸。不过在大多数情况下，我们都会像读教材一样，从头到尾、一章一节地完美“攻克”所有内容。最后，我们会在书的前半部分密密麻麻地做满标记，往往读到后面就畏难放弃了。这种阅读方式不仅没能让我们完整读完一本书，还会让我们失去了读书的兴趣。这是谁的错呢？是学习的错，是生活的错，是我们没能学会享受学习过程的错，所以我们才会贪婪地想一次性完成所有人生目标，或是一次性解决所有问题。然而最终，任何问题都没能得到解决，于是负罪感一下子就出现了。

普通人的步行速度大概是 4 km/h，但我们更习惯于乘坐公共交通工具或是自己开车。所以，我们更熟悉比较快的速度，对于慢走的好处却知之甚少。只要出去走一走，也许就能知道为什么乔布斯那么热衷于散步了。我们如果按照正常的步行速度散步并思考，就可以轻易捕捉到之前被忽视的内容，也能想到以前想不到的点子了。

为什么我们总是急于一口气读完一本书？为什么我们对每件事都如此急迫？别看书中这部分内容只有三四页，但它并不是几分钟就能写完的。为了写出那三四页纸的内容，作者可能付出了几天甚至是几个月的时间，说不定作者的生平就隐藏在字里行间呢。然而，我们为什么总是重复相同的错误，急匆匆地阅读，不久之后又忘得一干二净呢？

我曾留心观察过一位演员参加真人秀节目的场景，节目记录了他一天的日常生活。早上起来，他会先做祷告，然后喝排毒饮料，吃个简单的早餐，然后开始运动。令我惊讶的是，在整个过程中，他居然完全没看电视或者手机。相反，他全身心地专注于手头的事情，无论是运动、喝饮料，还是吃早餐。其他参加节目的人也差不多是这种状态，这令我深感震撼。我不禁感叹，我们的生活太忙碌了。我们太想在同一时间里完成太多事情，这就是欲望在作祟，它在破坏我们的日常生活，损害我们的身体健康。我并不是想说看电视或玩手机对人体有害，只是想说，我们应该聚焦于当下，将全部精力集中于正在做的事情本身，这样才能从中学习到有用的东西。

当我摆脱了急于读完一本书的焦虑后，阅读的过程就变得轻松起来。哪怕只是简短的一章，只要认真阅读，就能帮助我们拓宽思维。短短的一个章节，就让我想起曾经见过的人、读过的书，它让我捕捉到自己的思绪，写出自己的文字。

人生没有捷径可走

我在笔记本上贴了“迈出一小步”计划的标签，将它命名为“‘迈出一小步’计划日记”，并将所思所想都记录在其中。里面的内容丰富多样，好的文章、精彩的演讲、优美的诗歌、名言警句、电影的经典台词、直击心灵的歌词，值得一看的书和电影、纪录片、播客、新闻报道和博客……这些内容的出处和记录形式也千奇百怪，当某个瞬间的想法和其他事物产生连接以后，“火花”就会迸发而出。虽然，我目前还没有达到这个水平，但是我相信这就是真理。自己新的想法源于与他人思想的长期连接，这条路没有捷径可走，只能不断向前。

每个人都有高光时刻

有天晚上，我睡得比较早。等我舒舒服服地睡了一觉后，醒来发现时间正值凌晨，离日出还有很长的一段时间，四周都静悄悄的，仿佛全世界都在沉睡。我到书房打开台灯，那一瞬间，我产生了一种错觉，好像全世界只有我一个人。我随手翻出了前一天写下的内容，一时间文思泉涌，居然在家人起床前完成了本应花费几天才能有的“产量”。果然，人在思路清晰时写出的文字也同样条理清晰。轻声朗读刚刚写成的文字，我猛然明白了一件事——有时候，我写不出文章并不是因为准备不足或能力不够，而是因为周边嘈杂的声音和各种干扰限制了我独处的时间和空间。这才是最大的问题。

当然，想找到一个可以全身心投入的地点及一段合适的时间也并非易事。有些时候，我们还必须在恶劣的环境下工作。不过，真正善于做事的人都知道如何在不同的时间、地点和条件下做出成绩。另外，他们还有一套属于自己的习惯。诗人尹东柱每天晚上都会从新村散步到西江；听说舒伯特也是，每天晚上一定会有一小时属于自己的时间，从不受任何人的影响；村上春树开始跑步以后，会用豆腐来代餐。如果将这些天才艺术家和大作家的习惯汇集起来，足以出版一本专刊。但这不仅限于艺术家和作家，很多运动选手为了取得更好的成绩，也会每天举行属于自己的仪式，这些仪式就是他们为了展现出最佳状态而制订的一个小小的“迈出一小步”计划。在外人眼中，这些习惯可能难以理解，甚至显得有些奇怪。

理解真实的自己

“迈出一小步”计划是一个了解自己的测试，也是一个专业工具，帮助我们确认自己的兴趣与个性。有些人还会在体验过程中发现，哪怕用最好的方法也可能得出最坏的结果。

我是一个比较敏感的人，无法忍受别人在地铁或是公交车上大声外放音乐，也无法忍受令我不快的身体接触。每当遇到这种情况，我要么表达自己的不满，要么换一个座位。自从执行“迈出一小步”计划以后，我认识了一个全新的自我。诚然，在社会生活中，过于敏感可能被视为一项缺点，可它却能在我写作时成为一项优势。我可以领悟到别人感知不到的内容，对事物也有较强的洞察力。这份敏感就体现在我的文章当中，体现在文字细节里。我逐渐明白，我的个人风格就是将仔细观察到的细节具象化，并进行生动的描述。

对我而言，清晨醒来后开始工作是比较高效的工作方式。早起型的人和夜猫子型的人都有自己的生活方式，都会给自己的生活方式寻找合适的理由，也会在书籍或演讲中强调自己的生活方式。不过我认为，这两种生活方式没有谁对谁错之分。就我个人而言，我找到了提升工作幸福感的时间和地点。而决定工作时间或地点的，只能是我自己。

有些人无欲无求，只要悠闲度过一生便已满足；有些人会在热情中突破自己的极限，并从中寻找生活的意义和理由。我听说很多欧洲人不喜欢北欧的自由和平等，所以移民到了其他国家。相反，我们国家有很多人讨厌激烈的竞争，所以纷纷远赴更自由的北欧。其实很多时候，我们连适合自己的生活是什么样都不知道，却在听到类似的消息时表示羡慕、指责或者直接无视。

对人生的礼仪

生活方式千千万，总有一种适合你。只要找到适合自己的方式，并按这种方式去生活，就尽到了自己的义务，体现了应有的对人生的礼仪。在现实生活中，确实有人在按自己的风格工作，最后不仅取得了令人满意的成果，还过上了潇洒的生活。每次见到这样的人，我就觉得身体里的每个细胞都变得活跃起来。

"迈出一小步"计划就像拼图，每天都在一点点向我展示美好生活的模样。我深知，读书、写作的时间既辛苦又幸福。我也知道，最适合我的方式就是把别人难以言说的内容用语言和文字简单地表达出来。我支起一根好奇心的天线，搜索并接收着各种素材和焦点话题，这令我感到特别开心。把“品牌”和“文字”工作联系起来后，我的竞争力也开始显现。我意识到自己的敏感性格很可能成为一项优势，而且我也发现，即便过了 40 岁才明白这些道理，也不算晚。不过，我偶尔还是会想，假如能在 30 岁以前或 20 岁左右的时候明白这些道理，那该有多好啊。我希望更多人可以通过“迈出一小步”计划早点儿了解、认清自己。如果你能做到这一点，那么我坚信，这将成为你人生的一大福祉。

小贴士

我的写作小技巧

写作没有捷径，只能多思考、多体会、多落笔实践。从这个角度来说，摘抄是最有助于开启写作思维、激发写作兴趣的方式。当将别人的思想和文字抄写在白纸上的时候，内心深处就会产生提笔写作的欲望。摘抄还可以让我们间接体会如何围绕某一主题或话题去完成一篇文章。我每天都在摘抄与我思想契合的作家的作品，这样不仅可以积攒素材，还能开阔视野，从而写出更好的文章。而且，专栏作品一般短小精悍，所以摘抄起来不会感到枯燥乏味。

第六章

在职场“迈出一小步”

比约定的时间早到 10 分钟

对我而言，天生的懒散让准时上班成了一件难事。每当从上班的公交车上下来时，我疲惫得仿佛已经工作了一周。要是碰到雨天，心情更是郁闷。15 年的职场生活里，能让我痛痛快快去上班的日子简直屈指可数。

自从给自己打工以后，我上班的时间比以前自由得多，也没有那么大的工作压力了。可是，守约这件事反而成了更沉重的负担，也变得比以前更加重要。遵守与对方的约定涉及的不仅是信赖问题，还直接与收入挂钩。这便是“1 人企业”的现状。除了要按约定时间做好工作，我还要严格按照预约时间参加会议。大部分工作都是以“乙方”立场为出发点，这是基本中的基本。很明显，我开始被守约意识强迫着做事了。我性格中有一点儿懒散，总是会临阵磨枪，这个缺点在此时就暴露无遗了。终于有一天，我在“迈出一小步”计划中加入了一个项目——“比约定时间早到 10 分钟”。这是我尝试把压迫感和紧迫感变成兴趣的新方式。

从信赖中获得的力量

其实按时出门赴约并没有那么难，难的是能不能在准备好的状态下与对方见面。慢慢地，我开始养成回顾当天、当周计划的习惯。每周伊始，我都会查看本周的计划表，然后将约会的项目标记出来。只有做好充足准备，才能有应对突发事件的能力。“1 人企业”的特性就是如此，很多时候，我需要同时与多家公司开展合作，所以这方面的训练尤为重要。

参加晚宴时，我会按时备好适合的礼服。这不仅是为了遵守时间约定，也是为了掌控全局。如果条件允许，最好提前一小时到达附近的咖啡馆，提前为工作和会议做准备。首次会议尤其重要，必须提前查好交通路线，尽量提前到达现场。准备充分以后，我便可以在各种规模的会议上获得对方信任，并取得满意的成果。与上班时相比，现在的我无疑取得了巨大的进步，毕竟我以前连按时打卡都很难做到。

“比约定时间早到 10 分钟”的好处并不局限于商业

场合。充足的准备和应急预案带给我的最大好处，就是让我相信自己。将“迈出一小步”计划的每一个小成就积累起来，便可以形成“自尊”。“自尊”与对自己的“信赖”和“主导”紧密相连。相信自己的人当然会产生自信，这种自信不是在束缚之下被动地遵守上班时间的规定，而是掌握全局的主导性。

引导内在力量

“迈出一小步”计划清晰地告诉我，我是一个什么样的人，让我启动了“发掘自我程序”。对于“我是谁”这个问题，最好的答案就隐藏在驱动力中——最牵动我的是什么？我在什么时候最有力量？只有知道这些问题的答案，才能从中获得力量，并战胜无聊的日常。

有人每天清晨慢跑，有人清晨下水游泳，也有人在百忙之中抽出时间学习打鼓，他们这样做的理由都只有一个，就是在潜在本能和欲望的刺激下，获得行动的力量。一个精力充沛的人怎么可能不积极主动呢？不要小看这些微小的差异，它们最终都将会反映在个人成就上。这种力量所带来的结果不容小觑，它们都是从“迈出一小步”计划的点滴积累中获得的。“比约定的时间早到 10 分钟”这个项目就在引导我的内在力量。实际上，从我坚持这项计划开始，我总在为自己取得的成果感到惊讶。

开始信任自己以后，我在做事时就变得更游刃有余，并且获得了他人的信任。在这份信赖的基础上，我可以更自信地完成工作。大部分工作都离不开这种“信赖”给予的能量支撑。这不仅适用于我，也适用于很多人。

每天一个快捷键

电脑上有一个“快捷键”功能，比如，同时按下“Ctrl”和“N”，就可以打开一个新的窗口[1]，类似这样的快捷键还有很多。但是，很多人对这样基础的快捷键都不感兴趣，因为他们觉得快捷键用起来不方便。其实，我之前也是这么想的，有记快捷键的时间，还不如多工作一会儿呢。但是在观察熟练使用快捷键的年轻人的工作状态后，我一下子变得贪婪了。所以在“迈出一小步”计划中，我又加入了“背快捷键”这一项目。

说实话，现在我日常生活中能用到的快捷键根本没有那么多。但连我自己都觉得神奇的是，我的手已经对某些快捷键形成了肌肉记忆，在需要时，我不用思考就能按

1 该操作只适用于 Windows 系统。

下正确的快捷键。比如，插入新的幻灯片、将文件转换成其他格式、关闭除当前程序以外的所有对话框等。

与效率相比，专注更重要

快捷键的开发是为了让工作变得更高效。用鼠标点击菜单栏打开相应的功能起码要花 5 秒钟，如果用快捷键，就能缩短到 1~2 秒。缩短的这部分时间自然有它的意义，但如果只是为了省下这点时间，那我根本没有必要把这个项目添加到“迈出一小步”计划里去。我记快捷键不是为了高效，而是为了专注——可以让自己更专注于手头的工作。就像现在，我正在写作，所以我只想把精力都放在写字上。在集中精力做事的时候，人们往往不想分神去使用鼠标，此时快捷键就起作用了。曾经有几次我在写作时被突然跳出来的广告所吸引，就点了进去，从而打断了写作。所以，现在每当开始写作时，我都会用快捷键关掉其他无用的界面，只留下写作文本框。

不过请记住——人生没有快捷键。想要比别人走得超前一些，比别人年薪高一些，就不要让自己急功近利。40 岁之后，我对此更是深有体会。每当新闻报道某些学识渊博的人跌落神坛的时候，我还是会感到惋惜。他们很可能曾为撕掉“平民”标签而举杯庆祝，但他们不知道的是，名校和人际关系的快捷键的危险比想象中要大得多。如果连生而为人的品质和人格都丢失了，那就更危险了。

那些一步一个脚印走过人生之路的人，无论何时都令人尊敬。自从开始经营我的“1人企业”后，我结识了很多这样的企业家。那些每天“迈出一小步”的人，能收获美丽而平和的生活。“迈出一小步”计划时刻提醒我，生活中是没有快捷键可用的。

现在，我依然会每天记住一个快捷键的操作方法，就像我在前文中说的，不是为了高效，而是为了专注。这是我每天的“迈出一小步”。此时此刻，我能感受到享受当下的充实感和满足感，缩短的工作时间只是附带的奖励。在我轻快按下快捷键的时候，连工作都变得有活力了，这很有趣，不是吗?

休息5分钟，胜过工作25分钟

有一档韩国真人秀节目叫《幸福难民》，旨在走访北欧国家，探寻其高幸福指数的奥秘。在看过这档真人秀节目以后，很多想要找到生活新方案的人都确认了自己的需求程度。节目中有这样一幕着实令人惊讶——参演的嘉宾从众多北欧公司中选择了一家生产力很高的线上营销公司进行节目录制。这家公司的一位职员说，自己因为想起了初恋而无法安心工作，他们的领导就毫不犹豫地允许他早退了。他们的理念是，如果无法高效工作，那就完全没有必要勉强自己工作。这种文化差异让人受到了很大冲击。此外，节目中的“番茄时间管理法”也备受瞩目。

简单的时间管理哲学

意大利大学生弗朗西斯科·西里洛用一个形似番茄的厨房小闹钟发明了“番茄时间管理法”。这套时间管理方法的原理其实十分简单——在 25 分钟内只集中精力做一件事，时间一到就无条件地休息 5 分钟，然后再开启新一轮集中精力工作的 25 分钟，然后再休息 5 分钟，循环往复。这便是“番茄时间管理法”的全部内容，它通过不断重复这一过程，帮助人们自然地投入工作中去。

“番茄时间管理法”因其有利于提升生产力和专注力而受到全世界很多人的推崇。每当我想做一些需要集中精力的工作时，我就会用这套方法进行辅助。在那段时间里，我只想埋头工作，完全不受外界干扰。虽然不是每次都能成功，但是在使用这种方法后，我的确更容易投入工作中去。乍一听可能觉得这种方法并不靠谱，但当有时间限制时，人们却意外地发现这种方法很容易上手，很快就能集中精力。在强制休息 5 分钟的时候，因为担心事情中断而影响进度，人们往往会更期待接下来的 25 分钟。人是如此复杂，居然能沉浸在这样的一个小程序当中。当我发现这个事实时，只能无奈微笑。

使用“番茄时间管理法”也让我认清了一个事实——能让人坚持专注 25 分钟的力量并非来自 25 分钟的专注时间，而是来自那 5 分钟的休息时间。这 5 分钟的松弛包含着大智慧。好不容易专注了 25 分钟后，人们可能会很难抵挡住专注的诱惑，不想休息，反而想继续工作，于是瞬间产生了对工作的强烈渴望。这种渴望有时反而有害，有些过犹不及。比如，只要一提到考试，脑海中浮现的都是高难度考试，并为此熬夜工作、学习，还觉得理所当然，连 1 分钟都舍不得浪费，更别提 5 分钟了，然后一直工作或学习 25 分钟、250 分钟、2500 分钟……结果呢？持续的脑力劳动更容易引起倦怠和疲劳，最终有可能被判“出局”。

专注的秘诀

“番茄时间管理法”教给人们一个道理——要想集中精神 25 分钟，就需要休息 5 分钟。而“迈出一小步”计划教会我们，战胜日常重负的力量就来自每天重复的小兴趣。这二者在“恢复”层面有异曲同工之妙。努力工作25分钟以后，最少休息5分钟；在每天都尽最大努力做事、对待日常生活的过程中，我们会因一些小兴趣、小习惯而给身心一个恢复元气的时间。我从“番茄时间管理法”和“迈出一小步”计划中所学到的专注秘诀，以及取得可持续成果的智慧就在于此。

工作和人生都不是在短时间内可以见分晓的短跑项目，它更像是一场持续几小时的马拉松。也许把“番茄时间管理法”看成是为马拉松而设计的呼吸法更为贴切。

为了取得更满意的结果，享受更幸福的生活，活得更像自己，我今天也用了“番茄时间管理法”。我只是想告诉大家，“番茄时间管理法”的智慧并不仅限于工作，也适用于日常生活。

生活方式最重要

之前，在我公司旁边的路口开了一家名叫“Meal”的小面包店。店铺面积不大，10平方米不到的样子。有趣的是，他家只做吐司面包。因为我妻子的娘家也是开面包店的，所以我就想去“Meal”给她买点儿面包尝尝。结果那天我没买到面包，因为早上做出来的面包早卖光了。后来，我又去了几次，终于在几天后买到了面包。

这期间，我发现面包店门前排队的人越来越多。后来，面包店老板直接将隔壁的咖啡店一起盘了下来。我很好奇为什么他家的吐司面包人气这么高，于是稍微做了些调查。一调查才知道，原来这家面包店的老板曾经在日本学习过面点技术，后来又开了一家面包店，并且经营了10多年，是圈内有名的面包师。他开吐司专卖店的初衷是为了只专注于一种面包，因为他觉得当人们厌倦了那些奇形怪状的网红面包时，就会返璞归真，回过头来买传统的吐司面包。

近年来，极简生活的理念备受追捧。人们纷纷开始对物品、时间，甚至人际关系进行断舍离。一些介绍极简主义技巧和思想的书也摆放在书店的一隅。不过，真正的极简生活难道就只是清理、清除、整理和减少这么简单吗？让生活变得简单是简约主义者的生活哲学。所谓哲学，就是一个人的思考方式及生活方式，无论选择放弃还是坚持，都应该有自己的标准。如果不了解这个概念，就无法做到“极简”。我们可以把已经使用很多年的玄关灯换成无印良品的同质化产品，可是品牌却无法替人做决定。很多人的房间都被家具塞得满满的，但如果这些家具都是必需品，那当然也是一种“极简”。

追逐我所向往的生活

我一直想过由我自己来定义的向往的生活，为了达到这个目的，我要先弄清我想要的究竟是什么。我没有选择冒险或者挑战什么，只是在日常生活中寻找可以为我赋能的东西。我想把生活变得简单一点儿。我是那种只有整理好书桌和周围环境才能工作的人，所以一定要把生活中不需要的东西都清理干净，这样才能集中精力做自己想做的事。

可哪些东西需要丢掉，哪些可以留下，这些都需要通过清晰的标准和理由才能做出判断。散步、读书、摘抄、音乐和播客都为我探寻生活本质提供了一点儿小线索。散步时悄悄浮现的想法，摘抄下的产生共鸣的段落，听播客时被对方渊博的学识所折服的反应，都在一点点地将我理想的生活具象化。这多少有点儿像“Meal”的老板，在无数种面包中只选择吐司面包。他的选择也不是无的放矢的，而是有他自己的理由。正因如此，他才会放弃经营了10多年的面包店，舍弃了其他不必要的面包技术，只专注于吐司面包。“迈出一小步”计划也是如此，它就是帮我发现生活本质的指南针和试验台。

不要比较

假如一个人的生活方式十分明确，那这个人的生活自然就变得简约了。由于不受他人比较或竞争的影响，他可以很自由地选择周围的事物来填充。同时，要想守住这样的生活，就要全身心地投入自己的生活中去。一旦拥有明确的主观判断及价值观，就能明白哪些事情该做，哪些不该做。

曾有人建议我到某家中坚企业上班。我从未体验过年薪制与中坚企业的福利条件，因此，他的提议的确让我心动。我很想体验一下那家企业的文化氛围，然后再判断。通过多种方式，我发现该公司的企业文化与我的生活价值观大相径庭，再加上我对现有生活十分满意，所以，最终我并没有接受对方的提议。

“我是谁？”这个问题的答案没有想象的那么难，只要找到引领自己前行的力量就可以了。如果你觉得这个问题很难，就只能怪你从未被问过这样的问题，怪你从不曾羡慕别人的生活，怪你一直以为活成别人的样子才是最大的美德。

所以，请问问自己，现在的生活是你选择的吗？有没有更好的选择？为了选择想要的生活，你现在需要马上做什么？对上述问题一一作答以后，你就能体会到自主把控生活的快感了。最后，你可能无法收获财富与名誉，但没关系，用从未享受过的、真正的希冀和满足来引领自己向前迈进，你所得到的要比想象中“简约”多了。

观察的作用

日本知名设计公司“Nendo”的创始人佐藤大先生每天早上基本会在相同的时间醒来。带着 7 岁的宠物狗散完步后，他都会到同一家咖啡店，坐在同一个位子上喝咖啡。而且他点的永远是卡布奇诺，就连中午也是到同一家汤饭店点一成不变的午餐。他的白色衬衫大概有 40 件，深色裤子有 20 条，内衣和袜子都只穿黑色的。这不禁令我想起总是穿同色圆领衫和牛仔裤的史蒂夫·乔布斯和经常穿相似颜色衬衫的马克·扎克伯格。忽然，一个问题涌上心头，为什么他们每天都穿相同的衣服呢？是其中蕴含着某些独特的创意吗？他们彼此之间又有哪些关联呢？

观察的力量

佐藤大说，重复的日常生活可以培养观察的力量。

每天到相同的饭店吃饭，喝相同的咖啡，连坏了一把椅子或者饭菜味道变化这种微小的变动他都能马上觉察出来。如果频繁更换就餐的饭店就没办法发现这些情况了。他在现有作品和构思上稍加变化，就能产出新的产品，其灵感说不定就是从这每天反复的日常中得来的。

有一个很有趣的综艺节目叫《生活达人》。这档节目的主人公都是那些把大家都不放在眼里的简单工作坚持了几十年的人，他们就是达人。不管什么事情，只要长时间坚持下去，都能取得成绩，但有时也有例外。因为坚持几十年做没人认可又赚不了大钱的工作，这样的人本身就少之又少。即使能长期坚持，也只是为了生计而已，怎么也不可能像电视中的达人一样，兴致勃勃地、充满创意地完成工作。这种数十年如一日，坚持把简单而平凡的事做得不凡的力量究竟从何而来？或许，这种力量就源自每天用心观察自己所做的事情，并发现了微乎其微的变化。

观察的力量也是“迈出一小步”计划带来的益处之一。每天到相同的路上散步，时间久了就可以看到平时看不见的东西，平时不关心的事物也会一一映入眼帘。你可能会忽然发现，平时看起来没什么区别的树，竟然又长出了新的叶子或者枝条，或者感受到随四季变化的景色。每天写的“三行日记”也能告诉我，自己的想法发生了哪些变化，让我发现自己的懒惰。不知不觉间，我在每天重复的小习惯中一点点成长。

没有枯燥的日常

觉得日常枯燥无聊，不是因为日常生活没有变化，而是因为没有足够的观察力去发现那些细小的变化。对微小事物的观察力可以通过非常细小的反复实践而获得。找一个不会被意外打扰的时间，静静观察一下自己，你就能从平凡中看出隐藏的不凡之处。这不是只有像佐藤大这样成为著名设计公司老板的人才能做到的。每天都与生活中的小变化愉快相处，这才是人们能取得的最大成就。

小贴士

我的纪录片清单

我之所以会对纪录片产生兴趣，是因为我想知道“我是谁”。很多纪录片都可以帮助人们找到问题的答案。比如，阐述自尊心重要性的《孩子的私生活》《你的性格》《习惯》等，这些纪录片都体现了人们对自我的探究。《学习的王道》《投入》《考试》《我们为什么要上大学》等纪录片则告诉我们如何更好地工作。

一般纪录片的制作时间不会少于两年。在制作过程中，导演会采访相关领域的专家、学者，当然，这些被采访者都是相关领域的泰斗。通过他们的讲述，纪录片为我们提供了客观且权威的观点，同时阅读相关书籍，我们可以拓宽知识面，增加知识储备。这些纪录片不但能满足我们的求知欲，还能帮助我们写出有共情力的文章。

1.《孩子的私生活》（韩国教育广播公司，5 集）
2.《面条之路》（韩国广播公司，6 集）
3.《你的性格》（韩国教育广播公司，3 集）
4.《学习的王道》（韩国教育广播公司，3 集）
5.《大脑的故事》（英国广播公司，6 集）

6.《考试》(韩国教育广播公司，5 集)

7.《我们为什么要读大学——人才的诞生》(韩国教育广播公司，5 集)

8.《说服的秘密》(韩国教育广播公司，5 集)

9.《翻转课堂的魔法》(韩国广播公司，4 集)

第七章

明天也要坚持“迈出一小步”

是什么力量推动你前行？

81 岁高龄的赵希玉奶奶是 2014 年参加高考中年龄最大的考生。赵希玉奶奶 6 岁时，她的父亲去世了，只留下赵奶奶和她的妈妈两个人。母女二人为了维持生计，一直在努力地工作。赵奶奶连中学都没有毕业就到裁缝工厂上班，后来结婚生子。然而，没能完成学业一直令赵奶奶感到特别遗憾。为了弥补遗憾，赵奶奶再次走进中学校园，参加了 2014 年的高考。虽然已经老眼昏花，记忆力也大不如前，但赵奶奶还是没有放弃自己的梦想。她说，只要能参加高考就感觉很幸福了。从考场走出来，赵奶奶露出灿烂的笑容，她说过去 4 年的学习生活真的很开心。

我其实也有过类似的经历。从部队退役后，我专心学习了 5 个月，然后第二次参加了高考。原本我再读两年就可以大学毕业了，但我还是说服父母支持我重新参加高考，理由很简单——我想学自己真正想学的东西。因为学了两年经贸，我已经清楚地知道这个专业对我来说到底有多不合适。我一直在想，如果能学自己喜欢的专业该多么幸福啊。所以从部队退役后，我更加坚定了重新选择专业的决心，也有了再次挑战的勇气。

到现在为止，我都清楚地记得当年再次参加高考时的场景。我在考场上丝毫没有紧张，开心地看着试卷上的题目，然后答题，那感觉真的一点儿都不像在参加高考。那时候的我真的就是这种状态，亲身体会到了目标所带来的巨大能量。

推动力

我相信有可以推动人前行的力量，这种力量是存在的。我总能碰到一些不但没有足够的金钱支撑，还要做出很大牺牲的人。不管在谁看来，他们都是在盲目牺牲吧。很可能连他们自己都不知道为什么“不得不”做这种选择。最让人感到惋惜的是，很多人都不知道为什么要那么做，一辈子都活在别人的期待当中。

我无意贬低那种生活方式，只是想说，没有什么能比认真生活的忍耐和毅力更珍贵的了。不管做什么，最好的结果就是找到自己想要的生活，并按这种方式一直生活下去。没有人安排也没关系，没有钱也无所谓，只要能追求自己想要的生活，就已经很快乐了，这种生活自然是美好的。而且追求自己生活的人，身上往往散发着一种别人无法模仿的健康能量。这种能量如果与其事业相结合，就足以使他成为某个行业的大家或者匠人。做自己喜欢的事会令人感到由衷的快乐，当然就能坚持下去。

我以前见过用刺刀和木筷子做艺术品的匠人，他们很可能会被误解成是无事可做，只是闲来打发时间。可是面对质疑、面对得不到名家认可的窘境、面对遥遥无期的成功，他们又是怎么做的呢？如果他们能在这个过程中享受沉浸的快乐，使自己内心丰盈，幸福感满满，那这件事难道不美好吗？当媒体经常报道他们的故事，讲述他们的经历时，就说明认可他们价值观的人越来越多了。

想要来一场小小的“革命”

有很多人都有这样的疑惑——“迈出一小步”计划的益处到底有哪些？每当我见到那些误把“迈出一小步”计划当作培养好习惯、好方法的手段来用的人，都忍不住要跟他们一起探讨有关推动力的问题。但这种力量如果没有通过外部刺激或特别经历得到触发，就很容易被埋没。“迈出一小步”计划正是要把深藏的推动力外显出来。紧接着，那些平凡的职场人就会发现自己可能有打鼓、绘画或者作曲的才能。

其实这些时刻对探索未知、尝试挑战的人并不罕见。只不过他们都知道，放下手中的工作，去画画或者演奏喜欢的乐器并不是全部。他们只是在内心动力的驱使下，不断挑战自我。而且我认为，他们已经通过自己的行动将“迈出一小步”计划的益处讲得很清楚了。

每天拿出 10 分钟，尝试挑战平时没做过，但是内心很渴望做的事。然后观察这件事在重复做了几个月后，对生活产生了哪些影响。不用辞职，也不用打破日常的秩序，只是尝试一场小小的“革命”而已。不用看任何人的脸色，只需发起一个只有自己知道的小挑战。

我就是这样过来的。而且我还把自己的变化都记录到了 Brunch story 上。很高兴能有那么多人喜欢我的分享。此时，我确信这世上还有很多人想要找到隐藏在内心深处的力量，他们也希望像我一样打破循规蹈矩的日常。这就是我写本书的勇气来源，我认为，写书能让人产生改变的冲动。至少我确信，像我一样幸福的人也可以让别人幸福。这就是促使我写下这本书的内在推动力。

换一种方式品尝速溶咖啡

在公司工作的那两年，我每天都会喝一杯手磨咖啡。虽然手磨咖啡要花很长时间，但我认为这个方式很好，是解锁新一天工作的绝佳模式。磨咖啡、冲咖啡、分装、喝咖啡的过程不仅能给我充电，让我做好迎接新一天到来的准备，还能让我理清思路，找出解决问题的方法。如果说还有什么遗憾，可能就是我到现在还分辨不出不同咖啡的味道。然而，令我稍感安慰的是，我发现我并不喜欢那种带酸味的咖啡，我更喜欢有余香的咖啡。

暖杯小仪式

在家的时候觉得麻烦，所以基本上都喝速溶咖啡。早饭后如果想喝咖啡，冲泡一杯速溶咖啡是个偷懒的绝佳选择。只需要烧一壶开水，拿一个杯子，基本就算做好了所有的准备工作。我喝咖啡很慢，一般要花很长时间才能喝完一杯，哪怕只是一杯速溶咖啡。我喜欢慢慢地品味咖啡的味道，但是最后一口咖啡总是凉的，让我觉得喝得并不痛快。突然有一天，我想起一次煮手磨咖啡的经历。当时为了给老板煮咖啡，同事先往杯子里倒上一杯热水暖杯。也没人规定速溶咖啡就不能这么做啊，于是我也先用热水暖杯后再冲泡，果然，喝到最后一口，咖啡也是温的。

从某种程度来说，生活方式不正是如喝咖啡前暖杯一样的小事集合吗？

仪式感的力量

反复做“迈出一小步”计划的过程有点儿类似于冲泡咖啡前的暖杯，是为了营造一种生活中必不可少的仪式感。

据我所知，那些有自己生活节奏的人，从一天的开始就与别人不同。他们或写日记，或听音乐，或是做一些简单的家务来开启全新的一天。这些事可能都很微不足道，以至于经常被人忽略。我也是在很久之后才明白，原来就是这些不起眼的小事调节了生活节奏，为全新一天的启动预热。活得像自己也好，与别人不同也罢，其实都是从做这些小事开始的。

这个世界太繁忙了，我们每天都被社会上冗杂的信息所包围，每天都像在冲锋陷阵。可试想一下，如果我们比别人走得慢半拍会怎么样？悠然自得不代表懒惰，相反，是为了坚持得更久、跑得更远而做的能量储备。这是一个众所周知的秘密，储存能量是为了过更幸福的生活。

儿子的内驱力

我的儿子不是优等生，他的成绩很一般，我从未对他的学业有过度的担忧，因为我并不指望他考上全国一流的高等学府，不过偶尔我还是会有一点儿不安。我的妻子有一套自己的教育理念，她绝不会胁迫孩子学习，我也从没见过她催促孩子学习。

突然有一天，妻子给儿子团购了一个学吉他的课外兴趣班。儿子以前也上过各种才艺班，但一个都没坚持下来，到最后都是不了了之，所以这次我也没太放在心上。可是这次情况好像有点儿不一样，儿子的同学一个接一个地放弃了，最后竟然只有他一个人坚持上完了全部课程。儿子说，即使只剩他自己，也要继续学下去。那段时间，儿子玩游戏的时间少了，取而代之的是看一些吉他演奏视频。直到有一天，我看到儿子熟练地弹奏着吉他，流畅到我连他的手是怎么弹的都看不清，这着实令我震惊。教吉他的老师说，他教了很多学生，从没劝过哪个学生去专攻吉他，但我儿子跟别人不一样。起初听到老师的话，我还在想老师是不是话里有话，可儿子的一句话改变了我的想法："我不想听到有人说我是一个只知道弹吉他，其他什么都不懂的、无知的人。我要好好学习！"

看着眼前的儿子，我不禁回想起很久以前跟公司领导学电子琴的经历。说实话，我学的可能只是一些简单的和弦技巧。那段时间，我反复研究那个和弦，一弹就是一两小时，倒也能弹得有模有样。在那短暂时间里学到的经验比其他时候的体验都让我觉得更为深刻。如果那时家里有电子琴的话，我想我会找一位老师好好学习一下。所以，是不是多亏了我那段短暂的沉浸经历，才能在很久以后转化成我“迈出一小步”计划中的“听音乐”项目呢？说不定我儿子的身体里也流淌着“音乐 DNA”呢。

很多人都说音乐能带给人能量，我觉得这句话不假。后来，我给儿子买了电吉他，妻子甚至开始搜集伯克利音乐学院的入学信息。现在儿子的演奏水平正在逐渐超越老师。想到儿子将来可能会进入那所高等学府，我整个人都变得雀跃了。

做自己喜欢的事情

其实，我从未期望儿子能成为一名著名的吉他手（能成为的话更好），只是单纯地希望他可以通过音乐发现自己的内驱力，并将其合理利用起来。没人规定喜欢足球就一定要成为足球运动员，喜欢绘画就要成为画家。

可是，假如一个人能有自己的兴趣爱好或者特长，那这个人就能从中获得巨大的能量。我还记得，偶然间看到同事弹钢琴的样子，简直与平时判若两人，让我都不敢相信那是平时和我一起工作的人。有位广告专家亲口对我说，他会在下班后去乐队演奏音乐，听到这话，我对他肃然起敬。有的企业家在商场打拼了数十年，退休后每天画画，这样的人也是值得我学习的楷模。不是说他们琴弹得多好，画画得多棒，而是他们能将自己的爱好与自己的生活合理地衔接在一起，这种衔接方式充满魅力，值得学习。

现在，儿子能不能通过艺考还很难说，更不要说去伯克利音乐学院上大学了。令我欣慰的是，儿子没有受到任何影响，他找到了引领自己的力量，并且每天都在坚持练习吉他，这难能可贵。身为父母的我们，除了给他买吉他，为他找好的吉他老师，就基本没什么可做的了。儿子正按照自己的方式实践着他的“迈出一小步”计划，也在一点点地培育他的硕果。

让儿子感到幸福的是吉他，让我感到幸福的是写作。我很清楚，妻子和女儿也有指引生活的动力，而我也在小心地守护着她们。我敢肯定，现在正在读这本书的你，也肯定有自己的生活内驱力。找出这份动力并不意味着生活就能出现翻天覆地的变化，不过有一点是很明确的，那就是找到它以后，你会变得更幸福，而且这份幸福还可以传递给其他人。活出自己的人都自带光环，总有一天，会有人走上前来询问你幸福的秘诀。当然，你首先需要找到这个秘诀。

点到点的生活方式

思来想去，最终我还是开始一个人工作了。正不知该做些什么维持生计的时候，我突然想到一个人，他是一家小型化妆品公司的老板，曾经参加过我的课程。课后，他曾拿着他们公司的品牌故事找到我，希望我可以帮忙整理一下。我给那位老板打电话说要去拜访一下，他欣然答应了。那天，我在他的公司跟职员们一起探讨了很多关于品牌的内容，在之后的两个月里，我们一起真诚地交流、学习讨论，最终将整理好的内容编辑成册，分发给客户。

那段时间我感到非常快乐。无论何时，以信赖为基础的工作都能让人有所收获。而且我认为在那段时间里，我也尽到了我的责任。结束那份工作以后，化妆品公司的老板开始把我介绍给他熟悉的朋友。在一年左右的时间里，通过他的介绍，我不断接到新项目，一个又一个，直到此时，我才明白市场的运转方式，其实就是很多肉眼看不到的点连成线，交织在一起。

世上万物都彼此关联

很早以前，我就清楚信赖的重要性，但也只是心里明白而已。当我真正一个人工作的时候，我才开始学习这个世界的运转方式。世界上的万物都相互关联，一件小事也会直接或间接地对他人或其他事情产生影响。如果我当初没有尽最大的努力，或者没有遵守约定，那我接的那份工作肯定就会交给别人做了，它甚至不会在我的生活里激起一丝涟漪。相反，如果我能把很小的一件事做得尽善尽美，那也会连带着产生连绵不断的波动。因为这件事或这个人，是可以与其他人或事形成连接的。当然，工作本身也伴随着责任，事无大小之分，任何一件事都不能轻视。关系不分远近，都要小心经营。不管是对人还是对事，都要尽可能做到最好。当然，这种连绵的波动，不单单出现在对人对事上，在其他领域也同样会有这种效应。

一个“迈出一小步”计划的项目会带来另一个与之相关的项目。举个例子，每天记 5 个英语单词，慢慢地你就可以看无字幕的 TED 演讲或英语原声电影了。同理，背日语单词也可以和学习日语联系到一起；如果能用其他国家的语言了解相应国家的人，读懂他们的书，那就不是单纯的语言学习了，而是可以了解到这个国家的民情和文化。

有人说，人是按照他所使用的语言来思考的。看无字幕电影时，你可以和主人公产生更深的共鸣。将从前看过的片段翻出来重看，你会对它有更深的理解。我背英语单词可比专门学习外语有效多了，为什么呢？静下来思考就能发现，这是因为我是从很小的目标做起的。因为目标很小，所以更容易感受到达成小目标以后的成就，于是就能保持积极的心态继续走向下一个阶段。

“没人可以未卜先知，我们现在也仅仅是在回首过往的因果。你得相信，所有的因果必将在未来的生活中联系起来。人总要有些信仰才行，直觉也好，命运也罢，因果轮回，不管什么，只要相信，就会产生遵从本心的信心。哪怕离经叛道，也绝不止步。只有这样，才能有所成就。”这是史蒂夫·乔布斯在斯坦福大学毕业典礼演讲中的一段话。史蒂夫·乔布斯用他的一生解释了一件事——“连接生命中的点滴”。从自己被领养，到退学，就连从自己创建的苹果公司辞职这段痛心的经历都只是他生命中的一个小片段，都是为了得到更好的“果”而出现的“因”。

很多人都与史蒂夫·乔布斯有过相似的惨痛经历，然而能像乔布斯一样将这些经历转化为硕果的人却少之又少。能把那些看起来很难很累、毫无意义的事情都串联起来，就是平凡中的不平凡。能从小事上体会到成就感的人，终将取得斐然的成绩。即便不是举世瞩目的成就，但只要他不模仿别人去生活，而是活出自我，就能参透生活的意义。

我认为史蒂夫·乔布斯演讲的中心思想也是如此。当下所有的一切都有一条与未来相连接的隐形的线，所以一定要尽全力做好当下的每一件事。我觉得可以把它称为“迈出一小步”计划的隐藏含义。也有很多人从其他渠道明白了这个道理，比如，读很多的书籍，或是听其他人的自白。不过在我看来，他们的经历并不重要，重要的是自己的变化，重要的是自己能肯定和确信这一点。从这个意义层面上考虑，我觉得我有必要把过去 3 年多的实践经历分享给大家。

过真正的生活

“串联生活的点滴”没有想象的那么难，从现在开始也可以。找到自己发自内心喜欢的事，将精力集中到身边的每件小事、每个人身上。即使不知道他们将来会在何时何地与什么产生联系，至少可以从中感知到变化，获得有用的信息。虽然没有人能预知未来的终点在何方，不知道终点处有什么在等待我们，但一段经历必然牵引着另一段经历，一个人也一定联系着另一个人，一个挑战肯定能带来一个结果。我相信这就是活着的真谛。

串联所有的“迈出一小步”

开始充满未知，完全无法看到未来的模样。但是每当我听到“迈出一小步”的时候，我的心都会激动地狂跳，就像想要破土而出的种子一样跃跃欲试，我对未来充满了无限的期待。仅仅 3 年时间，“迈出一小步”就已经让我产生了这么大的变化，那未来的 5 年、10 年，能获得的成果简直难以想象。每当我这份期待升腾起来的时候，我就会摇身一变，从一个懒人变成一个浑身充满力量的勇士，怀着热忱写下“三行日记”、记录变化、写作或者看演讲。

“迈出一小步”计划让我脱胎换骨，犹如新生。因为我亲身体验到了它的好处，清楚地知道它所带来的变化是多么惊人。我知道深陷在无力和失败中是多么痛苦，我知道那种痛彻心扉的经历有多么残酷。于是我提起笔，想要把那些至少比我强的人的“另类生活”传播出去，只有发生变化的人多了，这个世界才会变得更加和谐、美好。正是怀揣着这份对未来的憧憬和期待，我才有勇气把一个个不足为道的经历写下来和大家分享。

“迈出一小步”计划是成为人生主人的大项目

市面上有很多关于“改变自我”的书，我承认它们有些帮助，只不过这种影响过于短暂，无法持久。思考很久以后，我才明白其背后的原因——那都是“别人的成功”和“别人的幸福”，所以只能在我们身上停留片刻。在通往成功和幸福的路上有太多的岔路，而且每一条路的远方都充满了无尽的未知。像我这样的普通人本就意志力薄弱，根本无法理解那些人的经历，我只能以旁观者的视角将这些经历当作别人的事。他们虽然厉害，可我并不认为我能和他们产生一样的变化。

但“迈出一小步”计划不一样，因为它简单易行，任何人都可以轻松开始，而且由于推进的项目都是自己喜欢的事情或与自己喜欢的事情相连接，所以不容易中断。只有自己成为变化的主人，才有坚持下去的力量。“迈出一小步”计划上的每一条、每一项，都是自己的决定、自己的选择，既不需要与其他人比较，也不需要看其他人的眼色。找到为内心指引方向的事物，就能找到支撑着我们的力量。同时在这个过程中，我们还能渐渐找到真正活得像自己的生活。

几年来，我从未厌倦过“迈出一小步”计划。尽管它并没有给我带来立竿见影的变化或是傲人的成绩，但它给了我相信自己的力量，并召唤出一个又一个小小的成就，影响着我的生活和工作。当然，我偶尔还是会产生挫败感，但这些挫败感不但不能击垮我，反而可以让我在短时间内满血复活。“迈出一小步”计划的优点是特别简单。它微小且容易，能让我们发现引领自己的力量，容易坚持，并让我们在坚持的过程中不断发生变化。这些变化虽然很小，却是实质性的改变。

昨天，我在看吉卜力工作室的动画片时，无意间看到电影里的人读片假名的样子，不禁让我想起了自己学习日语时的经历。我没有上过日语课，只是每天花几分钟的时间反复背片假名，就算不知道词义也没有中断过。坚持了一段时间后，我发现我也可以不看字幕直接看日语动画片了，就像我看没有字幕的 TED 演讲一样。虽然不知道这能给我的生活和工作带来什么影响，至少我确信，现在的我正在用自己最喜欢的方式生活。

选择生活方式

以前，我曾以为这世上的所有挑战都能带来惊人的结果，那些离我们很遥远的伟人正在用他们的力量改变着世界。但是坚持“迈出一小步”计划以后，我发现有很多人都在努力做着一些小事，除此之外，我还重新制定了人生的标准。

不是每个喜欢踢球的人都能成为球星，也不是每个喜欢电影的人都能成为演员。但那又怎么样呢？哪怕只是参加小区的足球会，在全身心投入进足球这项运动的那一瞬间，我们的生活就已经变得幸福而伟大了。每天将自己喜欢的电影分享到博客上，再写几句接地气的短小影评也是很快乐的事情。但凡有一点儿生活的诀窍，都不会将自己同其他人比较。那些能发现适合自己的生活方式的人都很享受生活本身，是不屑与他人比较的，有时他们还会给那些身处相似环境的人带来一些安慰和勇气。在我看来，这些有自己生活哲学的人才是有魅力的人。而且当今社会正在努力迎合那些为数不多的、有个性的人。简陋的不简单，微小的不渺小，这便是每天充斥在我们周边的当今时代的真实写照。

我也是如此。我就是一个40多岁的普通人，一个父亲，既没有继承巨额家产，也没有滔天的权势，更没有任何可以许诺给子女的未来。然而从过去 3 年多的变化中，我与自己达成了一个约定。我很确定，今天的我比昨天的我更好了；我很期待，明天的我会比今天的我更好。这便是我从“迈出一小步”计划中得到的最宝贵的礼物。

我现在要做的，就是将我从其他经历中获得的体验和收获分享给更多的人，找到更多想通过这些方式改变自己的人，给他们勇气和力量。我很确定，这就是活得最像我自己的生活方式。

小贴士

有助于“迈出一小步”的必读书单

1.《一小步改变你的生活》

这本书是“迈出一小步”计划的伊始，“迈出一小步”这个说法也出自本书。作者罗伯特·莫勒毕业于加利福尼亚大学洛杉矶分校医大，22 年间，他一直在鼓励那些经历过失败和挫折的人做一些小的、容易做到的、任何人都可以尝试的事情。这本书中收录了很多真实案例，将践行“迈出一小步”计划后产生的变化鲜活地展示在我们面前。这本书告诉我们，当一个人反复做一件小事时，他的生活会发生怎样翻天覆地的变化。

2.《巨人的工具》

看完这本书后，我感到十分震惊。已经成功、享受幸福生活的人，其实都是正在践行“迈出一小步”计划的人。这是作者蒂姆·费里斯的亲身经历，他通过自己的播客认识了很多人，这些人都已经过上了这样的生活。作者通过各种各样的事例向读者展示了日常小习惯的力量。

3.《自尊的六大支柱》

归根结底，“迈出一小步”计划就是树立自尊心的过程。通过获得非常小的成就，我们可以确定什么才是活得最像自己的人生旅程。作为自尊心理学创始人之一，本书作者纳撒尼尔·布兰登向大众提出了一种写作方法，一种类似于写“三行日记”的方法。无论何时，真理都是既简单又易于实践的。实践是检验一切方法的手段，如果不接受任何挑战，不进行任何实践，就得不出任何有效的方法。所以，我们也没必要非得采取宏大而困难的实践。

4.《听了那么多大道理，为什么依旧过不好这一生？》

这是 G. 理查德·谢尔的作品。沃顿商学院是世界顶尖的商学院，可你知道该学院最受欢迎的学科是什么吗？是 G. 理查德·谢尔教授开设的成功学文献。作者为了找到“该如何生活”这个问题的答案，甚至到韩国寺庙去体验生活。看到作者为了找到答案而追寻了 40 多年，我不禁问自己，为了找到这个答案，我又在做些什么？这本书的价值在于，它不是单纯的教材，而是对真实体验的记录。

后记

虽然平凡但不普通，看似细小但不渺小的故事

什么样的文字是好文字？我认为是朗朗上口、容易产生共鸣的文字；是饱含真情实感、记录亲身体验的文字；是能令作者先发生变化的文字。只有达到了这个标准，才不负纸张的价值。所以写完这本书之后，我反复读了很多遍，真的；我反复检查有没有把亲身实践的经历都写进来；有没有因为感情过于投入，而写了一些不负责任的话……我希望我的文字能让读者感到轻松、没有阅读负担；希望可以与每一位读者产生共鸣；希望可以给读者带来一份“我也要试一试”的勇气。

这本书是一个普通人的故事。

“迈出一小步”计划营造了一个普通人所熟悉的非凡生活。每一个瞬间，每一天，跟随自己内心的声音，尽自己最大的努力，走好生活的每一步。放缓脚步以后，你可能觉得自己哪怕走上一天，好像还在原地踏步，这也是人们执行了计划却很难感受到变化的原因。这条路上既没有华丽的红毯，也没有喧嚣的喝彩，它只是一条安静的路。但是我知道，这条路就是那些对自己的人生感到满足，过着幸福生活的人走过的路，这就是

他们的生活方式。

我一直想要做自己喜欢的事，想要每天都幸福地生活。所以，我把这些让我觉得幸福的内容都整理出来，做成大纲，每天整理一点点。不过我从不贪心，只是跟随本心在做、在回味。而且我也在毫不修饰地将这些内容如实地写出来、分享出来，我没想到这个简单的举动竟然产生了意想不到的结果。这些平凡得不能再平凡的故事，居然受到了大众的追捧。我看到了很多留言说“很喜欢你的 SNS”，也有很多人转载我的文章，在讲课的时候，我能看到台下学员眼中透出的光芒。虽然这些都是无声的反馈，但正是有了这些反馈，我获得了继续走下去的力量。

读完这本书以后，你也不会发生什么巨大的变化。我从未在书中承诺过读完本书就能让你发生巨变。不过此时此刻正在写作的我，确实与 3 年前对“迈出一小步”计划一无所知的我大不一样。我不再与任何人盲目比较，我能从自己擅长的事情中得到认可，也在不断将自己的经历与其他人分享，这些都不是 3 年前的我能做到的。所以，现在的我更加幸福了，我正过着不同以往的生活。我每天都能遇到以同样方式生活的人，也能见到更多这样的人。

顾名思义，“迈出一小步”计划就是建议人们先迈出一小步。每天只需花 10 分钟做自己喜欢的事情，把心思都投入其中。可是，很多人都在追寻不切实际的秘诀，错过了平凡中的珍贵，活在他人的期待与希望中，牺牲了活出自我的生活。“迈出一小步”计划提供了一个切实可行的方案，通过日复一日的实践，我们可以实现活出自我的愿望。如今的我正在以这种方式生活着，也体验到了“迈出一小步”计划所带来的益处，因此，我希望更多人能过上这样的生活，也正因如此，我提笔写下了这本书。

我们每个人的出身不同，在不同的环境中遇见了不同的人，走上不同的路。所以什么才是活得最像自己的生活，这个问题并没有标准答案。活得最像自己的生活，是只有自己才能找到入口，并坚持走下去的。这难道不就是真正的人生吗？不用与任何人比较，活得堂堂正正，只按照自己的方式生活，这不就是真正的答案吗？说不定在找到答案的过程中，名誉、成功、幸福以及社会和大众的认可都会随之而来。当然，你也很可能看到完全不同的风景，或是体会到别样的幸福。重要的只有一件事——这种生活到底是不是你向往的生活。

用一句话总结“迈出一小步”计划，就是为找到活出自我的生活方式而提供的解决方案，是一个因为过于简单而被忽视的方法，但它却能让人找到通往幸福的道路。

我希望读者可以真正关注书中提到的方法，并真正加以实践。也希望能有更多人按照自己的生活方式堂堂正正地生活。如果能因此让世界变得更加美好，那我就别无所求了。如果真的有那么一天，我会把更多人的生活都记录下来，然后传递给更多的人。因为那样的生活都是活得像自己的生活。这也是我遇见“迈出一小步”计划以后，从每日实践中得到的实际益处。请你也一定要过上这样的生活，不要迎合别人的标准，不要按照他人的期待去生活，一定要按照自己希望的轨迹走每一天的路，这样就会有更多人因你而更加幸福。

“迈出一小步”计划表

关键词	“迈出一小步”计划			

关键词	“迈出一小步”计划			

关键词	“迈出一小步”计划			

关键词	“迈出一小步”计划			

关键词	“迈出一小步”计划			

关键词	“迈出一小步”计划			

关键词	“迈出一小步”计划			

关键词	“迈出一小步”计划			

关键词	“迈出一小步”计划			

关键词	“迈出一小步”计划			

关键词	“迈出一小步”计划			

关键词	“迈出一小步”计划			

关键词	“迈出一小步”计划			

关键词	“迈出一小步”计划			

关键词	“迈出一小步”计划			

（非卖品）